新型农民学历教育系列教材

园艺设施建造与环境调控

主 编

李青云

副主编

武占会

编著者

（按姓氏笔画排列）

史明静　吕庆江　吕学英　乔丽霞

乔艳站　李品云　李政红　李　楠

狄政敏　何铁锁　宫彬彬　陶秀娟

高洪波

金盾出版社

内 容 提 要

本书是"新型农民学历教育系列教材"的一个分册,内容包括:绪论,简易设施,塑料大棚,温室,园艺设施的覆盖材料,园艺设施的环境特点及其调控。本书可作为农民大学专科学历教育教材和农村干部培训教材,亦可供广大农村干部和具有中等以上文化程度的农民自学使用。

图书在版编目(CIP)数据

园艺设施建造与环境调控/李青云主编 . —北京:金盾出版社,2008.10

(新型农民学历教育系列教材)

ISBN 978-7-5082-5392-3

Ⅰ.园… Ⅱ.李… Ⅲ.园艺—设备—建筑设计—教材 Ⅳ.S62

中国版本图书馆 CIP 数据核字(2008)第 146911 号

金盾出版社出版、总发行

北京太平路 5 号(地铁万寿路站往南)

邮政编码:100036 电话:68214039 83219215

传真:68276683 网址:www.jdcbs.cn

封面印刷:北京印刷一厂

正文印刷:北京华正印刷有限公司

装订:北京华正印刷有限公司

各地新华书店经销

开本:850×1168 1/32 印张:8.25 字数:197 千字

2010 年 10 月第 1 版第 2 次印刷

印数:8 001~13 000 册 定价:15.00 元

新型农民学历教育系列教材
编审委员会

序　言

新世纪新阶段,党中央国务院描绘出了建设社会主义新农村的宏伟蓝图,这是落实科学发展观,构建和谐社会,全面建设小康社会的伟大战略部署,也为我们高等农林院校提供了广阔的用武之地。以科技、人才、技术为支撑,全面推进社会主义新农村建设的进程是我们肩负的神圣历史使命,责无旁贷。

我国是一个农业大国,全国 64％的人口在农村,据统计,现有农村劳动力中,平均每百个劳动力,文盲和半文盲占 8.96％,小学文化程度占 33.65％,初中文化程度占 46.05％,高中文化程度占 9.38％,中专程度占 1.57％,大专及以上文化程度占 0.40％;而接受高等农业教育的只有 0.01％,接受农业中等专业教育的有 0.03％,接受过农业技术培训的有 15％。农村劳动力的科技、文化素质低下,严重地制约了农业新技术、新成果的推广转化,延缓了农业产业化和产业结构调整的步伐,进而影响了建设社会主义新农村的进程。国家强盛基于国民素质的提高,国民素质的提高源于教育事业的发达,解决农民素质较低,农业科技人才缺乏的问题是当前教育事业发展,人才培养的一项重要工作。农村全面实现小康社会,迫切需要在政策和资金等方面给予倾斜的同时,还特别需要一批定位农村、献身农业并接受过高等农业教育的高素质人才。

我国现有的高等教育(包括高等农业教育)培养的高级专门人才很难直接通往农村。如何为农村培养一批回得去、留得住、用得上的实用人才,是我一直在思考的问题。经过反复论证,认真分析,我校提出了实施"一村一名大学生工程"的设想,经教育部、河北省教育厅批准,2003 年我校开始着手实施"一村一名大学生工程",培养来自农村、定位农村,懂农业科技、了解市场,为农村和农业经济直接服务、带领农民致富的具有创新创业精神的实用型技术人才。

实施"一村一名大学生工程"是高等学校直接为农村培养高素质带头人的特殊尝试。由于人才培养目标的特殊指向性，在专业选择、课程设置、教材配备等方面必然要有很强的针对性。经过几年的教学探索，在总结教学经验的基础上，2006年我校组织专家教授为"一村一名大学生工程"相关专业编写了六部适用教材。第二期十八部教材以"新型农民学历教育系列教材"冠名出版，它们是《实用畜禽繁殖技术》、《畜禽营养与饲料》、《实用毛皮动物养殖技术》、《实用家兔养殖技术》、《家畜普通疾病防治》、《设施果树栽培》、《果树苗木繁育》、《果树病虫害防治》、《蔬菜病虫害防治》、《现代蔬菜育苗》、《园艺设施建造与环境调控》、《蔬菜育种与制种》、《农村土地管理政策与实务》、《农村环境保护》、《农村事务管理》、《农村财务管理》、《农村政策与法规》和《实用信息检索与利用》。

本套教材坚持"基础理论必要够用，使用语言通俗易懂，强化实践操作技能，理论密切联系实际"的编写原则。它既适合"一村一名大学生工程"两年制专科学生使用，也可作为新时期农村干部和大学生林业培训教材，同时又可作为农村管理人员、技术人员及种养大户的重要参考资料。

该套教材的出版，将更加有利于增强"一村一名大学生工程"教学工作的针对性，有利于学生掌握实用科学知识，进一步提高自身的科技素质和实践能力，相信对"一村一名大学生工程"的健康发展以及新型农民的培养大有裨益。

河北农业大学校长 王志刚

2008 年 9 月

前　言

　　近年来,随着科学技术的快速发展,农业现代化进程日益加快,以园艺设施为核心的设施园艺产业已发展为现代化农业中最具活力的新兴产业之一,并在新一轮农村产业结构调整中成为各地的优选项目,在促进农业增效、农民增收和繁荣农村经济等新农村建设工作中发挥了主导作用。据国家统计局资料,截至 2006 年末,我国各类园艺设施(除地膜外)总面积已达 77.7 万 hm^2,是世界上园艺设施面积最大的国家。园艺设施的建造和使用涉及园艺学、机械和建筑学、环境工程科学等多学科知识,为适应当前高效农业发展的需要,我们编写了这本《园艺设施建造与环境调控》教材。

　　本书包括绪论和五章内容。绪论主要介绍园艺设施的发展历史、现状及趋势;第一章简易设施主要介绍风障畦、阳畦、电热温床、塑料薄膜中小棚等园艺设施的结构、性能和建造;第二章塑料薄膜大棚主要介绍塑料大棚的类型、结构和建造;第三章温室主要介绍温室类型、结构和建造;第四章园艺设施的覆盖材料主要介绍各种塑料薄膜、PC 板、草苫、遮阳网等覆盖物的类型和特点;第五章园艺设施的环境特点及其调控主要介绍园艺设施内的光照、温度、水分、空气、土壤等环境因子的特点和调控技术。

　　本书参加编写人员:绪论由李青云编写;第一章由李政红、乔丽霞、李楠编写;第二章由宫彬彬、吕庆江、李品云编写;第三章由李青云、陶秀娟、狄政敏、何铁锁、吕学英、乔艳站编写;第四章由高洪波编写;第五章由武占会、李青云、史明静编写。

　　由于笔者水平有限,经验不足,错误和缺点在所难免,恳请读者批评指正,以便日后再版时订正。

编著者

2008 年 8 月

目　　录

绪　论

第一节　园艺设施的类型及发展园艺设施的意义

一、园艺设施的概念和类型

在露地不适宜园艺作物生长发育的寒冷或炎热的季节,利用保温、防寒或降温、防雨等设备形成适宜园艺作物生长发育的小气候环境,进行园艺作物生产,这类设施统称为园艺设施。在各类园艺设施中进行蔬菜、花卉和果树栽培,称为设施园艺。由于设施栽培的时期往往是露地生产困难的季节,因此这种生产方式又叫"反季节栽培"、"不时栽培"。在设施栽培的园艺作物中以蔬菜面积最大。

用来进行园艺作物生产的设施类型多样,从空间大小和结构、建造的复杂程度考虑,可大致分为两大类:简易设施和大型设施。简易设施主要有风障畦、阳畦、改良阳畦、地膜覆盖、砂田覆盖、浮动覆盖、小拱棚、中拱棚、电热温床、酿热温床等。大型设施包括温室和塑料大棚等。按照园艺作物对栽培环境的要求,生产上还出现了一些多功能设施,如兼有保温和遮荫功能的软化室(窖),主要用于栽培蒜黄和食用菌,塑料棚上覆盖遮阳网形成具有遮荫、防雨功能的荫棚,用于夏季育苗及栽培。

二、发展园艺设施的意义

(一)延长园艺产品上市期,实现周年供应

随着生活水平的提高,消费者对园艺产品的需求日益增长,不但要求产品周年供应,数量充足,还要求质量好;不仅需要常见的园艺产品,还要求新、奇、特种类。由于在寒冷的冬季和酷热的夏季不利于园艺作物生长,因此在传统的露地生产中长期存在着明显的淡季和旺季,园艺产品尤其是不耐贮存的蔬菜难以实现周年供应。利用园艺设施在各种季节生产蔬菜等园艺产品,获得多样化的产品,就能满足园艺产品周年供应的要求。对于无霜期短、光热资源不足的高纬度地区的园艺作物生产来说,园艺设施更具有特别重要的意义。另外,各类园艺作物均有各自的适种区域,在露地栽培条件下进行跨越气候区的引种栽培十分困难,为了满足消费者对稀特园艺产品的需求,人们可以借助园艺设施人为创造适宜作物生长的环境,栽培那些本地区稀少的园艺作物。

各地的设施生产方式特点各异,园艺设施在园艺作物周年生产中的作用大致可概括为:

1. 育苗 秋、冬及春季利用风障、阳畦、塑料棚及温室等保温设施为露地和设施培育蔬菜、果树和花卉幼苗,夏季利用荫棚、荫障等进行遮荫育苗。

2. 促成栽培 冬季北方利用温室、南方利用塑料大棚等大型设施栽培园艺作物,促使产品在冬季或早春成熟。

3. 春早熟栽培 春季利用塑料棚、改良阳畦等设施进行防寒保温栽培,获得比露地早熟的园艺产品。

4. 秋延后栽培 夏季播种,秋季在塑料棚内栽培园艺作物,使作物的生育期和供应期延长到早霜出现后。

5. 越夏栽培 在高温多雨的夏季利用荫棚、荫障、塑料大棚等,进行遮荫、降温、防雨栽培。

6. 越冬栽培　利用风障、塑料棚等设施保护耐寒性蔬菜、绿化苗木等作物越冬,减少冬季死苗,早春提早恢复生长。

7. 软化栽培　利用软化室(窖)或其他软化方式为鳞茎、根、植株或种子创造适宜的环境,促使其在遮光条件下生长,如生产青韭、韭黄、蒜黄、豌豆苗、各种芽菜等。

目前,人们利用各种设施进行蔬菜生产,结合露地生产,使得蔬菜供应期越来越长,多数蔬菜如黄瓜、番茄、韭菜等种类已实现了周年生产和供应,部分种类如西瓜的供应期从原来的 1 个月左右延长到 3~4 个月,结合南菜北运,其供应期已经延长到 7~8 个月。设施果树的发展使新鲜水果供应期不断延长,如北方设施桃的上市期可从露地栽培的 6~7 月份提早到 3~4 月份,设施草莓的上市期可从露地栽培的 5 月份提早到上一年的 11~12 月份,供应期从 40 天左右延长到 6 个月左右。

(二)推动蔬菜等支柱产业及相关产业的形成与发展

设施园艺的产品主要为蔬菜、花卉和果品,当有市场需求时,其产品附加值明显高于传统农业。加之一些蔬菜、花卉生长周期短,气候适宜地区内可多茬栽培,所以单位面积产量和产值也相应提高。据江淮地区的调查,设施蔬菜的比较经济效益比大田作物高 8~10 倍。由于设施园艺经济效益和科技含量高,近年来,尤其是在我国加入世界贸易组织(WTO)后,设施园艺已迅速发展成为农村的新兴产业,各地不仅在新一轮农业结构调整中大力发展以园艺设施为支撑的设施蔬菜、设施果树和设施花卉生产,还先后创建了各种现代农业科技示范园区,展示以设施园艺为核心的高效农业生产模式。如北京的小汤山特菜基地、良乡南宫温室公园,上海浦东开发区的孙桥园艺试验场、东海农场等,将现代化的温室园艺与观光旅游结合起来,与青少年的农业科普教育结合起来,一举多得,拓展了设施园艺的功能。在推动农村经济发展、发展观光农业和休闲农业中,园艺设施起到了关键性的作用。

第二节 园艺设施的发展历史与现状

一、我国园艺设施的发展历史与现状

我国是世界上最早应用园艺设施进行生产的国家之一,公元前551至公元前479年间的《论语》就记载有"不时不食",这是不时栽培的语源,最早的文字记载见于西汉(公元前206～公元25),《汉书》循吏传有"太官园种冬生葱韭菜茹,覆以屋庑,昼夜爇蕴火,待温气乃生",信臣以为此皆不时之物。说明在2 000多年前,我国已经利用桐油纸覆盖的土温室等保护设施栽培多种蔬菜。到了唐朝,设施蔬菜栽培又有了进一步发展,唐朝(公元618～907)诗人王建的宫前早春诗:"酒幔高楼一百家,宫前杨柳寺前花,内苑分得温汤水,二月中旬已进瓜",说明在1 200多年前,西安都城已经有人用天然温泉进行早春瓜类设施栽培。又据元朝(公元1206～1368)王祯的《农书》记载:"至冬移根藏以地屋荫中,培以马粪,暖而即长","就旧畦内,冬月以马粪覆之,于向阳处,随畦用蜀黍篱障之,遮北风,至春,疏其芽早出","十月将稻草灰盖三寸,又以薄土覆之,灰不被风吹,立春后,芽生灰内,即可取食"。说明600多年前,已经有阳畦和风障畦韭菜栽培。明朝(公元1368～1644)王世懋在其所著的《学圃杂疏》中写道:"王瓜,出燕京者最佳,其地人种之火室中,通生花叶,二月初,即结小实,中官取以上供"。说明明朝北京的温室黄瓜促成栽培已获成功。经过明、清、民国近400年,西安和北京等古都城郊的劳动人民创造了单斜面暖窖土温室,并在耐弱光蔬菜的冬春茬栽培中积累了丰富的实践经验,但受当时封建的社会制度和落后的科学技术限制,园艺设施始终发展缓慢。

新中国成立后,随着社会生产力的发展和人民生活水平的提高,园艺设施得到迅速发展,总结起来,可分为如下几个发展阶段。

(一)总结推广传统设施阶段

解放初期,政府组织广大科技人员总结北京阳畦和北京加温温室的结构、性能和蔬菜栽培技术,改良提高后在北方大中城市推广,初步形成以风障、阳畦和北京改良式玻璃加温温室为主的设施栽培体系,对解决北方冬春淡季的蔬菜供应起到了一定作用。

(二)塑料大棚和地膜覆盖推广普及阶段

20 世纪 50 年代中期,我国从日本引进农用聚氯乙烯(PVC)薄膜,建造小拱棚进行蔬菜早熟栽培,20 世纪 60 年代初,随着国产塑料工业的建立和发展,上海和北京先后生产出农用聚氯乙烯和聚乙烯(PE)薄膜,塑料薄膜迅速代替玻璃成为各种园艺设施的主要覆盖材料。1965 年,吉林省长春市郊区出现了中国第一栋竹木骨架塑料大棚(面积 0.07hm^2),生产早春黄瓜,可比露地栽培提早 1 个月采收,经济效益显著,此后塑料大棚迅速在全国范围内普及推广,1978 年,全国塑料大棚总面积 0.53 万 hm^2。1980 年,低密度聚乙烯长寿农膜(LDPE)、装配式热镀锌钢管骨架研制成功,1984 年,"农用塑料棚装配式钢管骨架"国家标准颁布并实施,这些都为塑料大棚的大面积推广奠定了基础。1988 年,全国塑料大棚总面积达到 1.93 万 hm^2,1999 年塑料大棚面积增加到 45.66 万 hm^2,塑料大棚的迅速发展解决了我国蔬菜市场的早春和晚秋淡季问题。

1979 年,从日本引进了塑料薄膜地面覆盖技术(简称地膜覆盖)及农膜工业化装备,由于地膜覆盖可促进作物早种、早收,又能保水保肥,促进作物增产增收,而且简单、实用、经济,因此从 1982 年开始地膜覆盖在全国迅速推广,至 1989 年全国地膜覆盖面积达到 26.7 万 hm^2,到 1996 年突破 700 万 hm^2,其中蔬菜和西瓜、甜瓜地膜覆盖面积达 134.34 万 hm^2。2000 年蔬菜地膜覆盖面积已超过 240 万 hm^2。

（三）日光温室、遮阳网、防虫网和防雨棚普及推广阶段

20世纪80年代中期,辽宁省大连市瓦房店和鞍山市海城等地农民创造出高效节能型拱圆式塑料日光温室,在北纬40°～41°高纬度地区,冬季不加温进行喜温性果菜栽培,使喜温性果菜实现了1月份上市,结束了在北方生产喜温性果菜必须用煤火加温的历史,为解决北方鲜菜供应开辟出一条节能、经济、实用的新途径。此后,农业部大力组织科技人员对其结构优化改进,并在我国北纬33°～46°北方地区推广普及。由于节能型日光温室造价低,经济效益高,因此发展十分迅速,其面积从1984年的0.3万hm^2猛增到2000年的40.7万hm^2,从根本上解决了北方地区冬春淡季的蔬菜供应问题。

在我国南方,影响蔬菜周年供应的主要问题是夏季的高温、多雨,20世纪80年代末,江苏武进塑料二厂研制出塑料遮阳网和防虫网,由于遮阳网覆盖省工、省力、成本低、简单实用,覆盖后遮强光、降高温、防暴雨、抗冰雹等效果好,因此在南方迅速推广,不到10年时间,推广遮阳网13.7万hm^2,取代了传统的苇帘荫棚覆盖,基本上解决了夏、秋淡季蔬菜生产和培育秋菜壮苗的难题。防虫网覆盖栽培从1995年开始在江苏省镇江市率先应用。此后在南方病虫多发的小白菜等蔬菜栽培中迅速推广应用。防雨(避雨)棚在我国的推广始于20世纪90年代初,最初在南方地区应用,防雨棚起到了防止夏季暴雨涝渍、防病防虫的效果,以后在北方越夏果菜生产中也普遍应用,由于控制了湿度进而减轻了病害和烂果、日灼等生理障碍,目前在夏季蔬菜育苗、高档夏菜和欧亚种葡萄栽培中采取避雨栽培的面积日益扩大。

（四）现代化温室引进与国产化发展时期

1979～1987年之间,北京、哈尔滨、上海等地先后从东欧、美国、日本等国家引进屋脊形和拱圆形玻璃或硬塑料连栋温室(又称现代化温室、智能温室),总面积19.2hm^2,我国自行设计生产连栋温室约 20hm²，这些温室主要用于生产蔬菜和花卉。由于连栋温室冬季主要靠加温才能保证作物正常生长，因此运行费用很高，加上当时的栽培技术不配套，国内生产总值水平尚低，所以多数温室生产连年亏损，最后停产。

1996～2000 年，随着国民经济的快速发展和农业现代化高潮的到来，出现了第二次大型温室引进高潮，上海、北京等地先后从法国、荷兰、以色列、美国、韩国、日本、西班牙等 10 多个国家和台湾省引进了总面积为 175.4hm² 的现代化温室，如荷兰的芬洛型(Venlo)屋脊形连栋玻璃温室、法国瑞奇公司拱圆形连栋薄膜温室、美国胖龙公司拱圆形连栋双层充气膜温室、屋脊形连栋 PC 板温室等，同时引进了配套的外遮阳、内覆盖、水帘降温、滚动苗床、行走式喷水车、行走式采摘车、计算机管理系统、水培系统等。北京和上海几个园区还引进了配套品种和专家系统，邀请国外专家进行技术指导，提高了我国现代化温室的管理水平。这些现代化温室广泛用于经济发达地区的观光农业、工厂化育苗和高档温室花卉业及无土栽培。

通过对温室生产及管理等先进技术的消化吸收，现代化温室的国产化进程加快，目前，我国已拥有数十家温室生产企业，自行设计建造了适应各种生态区的现代化温室，如华北型连栋塑料温室、上海智能型温室和华南型温室，拥有"防漏滴集露槽"等技术专利，并研发出配套的环境自动控制系统，使国产现代化温室的结构和性能大大提高。

从我国园艺设施整体的发展情况看，改革开放以来，尤其是从 20 世纪 90 年代中后期开始，以日光温室和塑料大棚为代表的园艺设施进入高速发展期。目前，我国的园艺设施面积稳居世界之首，以节能技术体系为核心的日光温室和塑料拱棚是我国园艺设施的主体，风障、阳畦、地膜覆盖等与之相配套构成完整的园艺设施体系。各类设施(除地膜覆盖外)的面积及分布统计资料见表 1。

在我国,设施园艺作物以蔬菜为主,约占总面积的97%,其余为花卉和果树。据统计资料,我国设施栽培面积较大的省份是山东、河北、河南、辽宁、江苏和陕西。而高效节能型日光温室面积较大的省份有山东、河北和辽宁等(表2)。

表1　2006年我国主要园艺设施面积和设施园艺概况　（单位:万 hm²）

项　目	全　国	东部地区	中部地区	西部地区	东北地区
温室面积	8.1	3.1	1.1	2.1	1.8
大棚面积	46.5	26.2	7.5	6.3	6.5
中小棚面积	23.1	10.4	4.8	5.7	2.2
温室和大棚中主要作物					
种植面积					
蔬　菜	72.3	38.5	12.3	10.1	11.4
食用菌	4.6	2.2	1.4	0.8	0.2
水　果	13.7	7.7	2.3	1.6	2.1
园艺苗木	4.7	1.7	1.2	1.2	0.6

注:数据来源为2007年农业部公告

表2　全国主要地区的园艺设施面积　（单位:万 hm²）

地　区	设施总面积	日光温室	塑料大棚	塑料中小棚
山　东	40.00	12.00	6.67	21.33
河　北	24.80	9.20	5.40	10.20
辽　宁	9.87	6.00	1.33	2.53
江　苏	8.20	0.53	2.80	4.87
河　南	10.67	2.00	2.00	6.67
陕　西	4.33	1.13	0.87	2.33
新　疆	2.00	0.80	1.00	0.20
黑龙江	1.47	0.33	0.80	0.33
北　京	1.05	0.29	0.26	0.50
上　海	0.17	0.002	0.03	0.03

注:资料引自邹志荣主编的《园艺设施学》

二、世界园艺设施的发展简史与现状

(一)发展简史

公元前 3 年至公元 69 年,罗马哲学家塞内卡(Senaca)记载了农民用云母片和半透明的滑石板做覆盖材料,利用太阳光热进行黄瓜早熟栽培。玻璃的制造和使用是世界设施园艺发展史的一个里程碑,17 世纪法国和德国相继有了玻璃覆盖屋顶的温室,1717年,英国出现在屋顶和四周全部装上玻璃的玻璃温室,18 世纪日本、美国也相继出现温室生产,19 世纪中叶以后,由于物理学和工程学的发展,欧洲的玻璃温室建造日趋完善,与现在的温室已经没有本质区别,商品化和规模化的温室生产也开始发展。荷兰在1903 年建成第一栋现代玻璃温室,1967 年建成芬洛型连栋玻璃温室,并出口到全世界。1930 年美国研制成乙烯树脂,生产出世界园艺设施的主要覆盖材料——农用塑料薄膜。1943 年日本将农用塑料薄膜用于水稻育秧取得成功,1953 年开始用于蔬菜生产,日本成为世界上最早普及塑料温室的国家。

(二)发展现状

目前世界上设施园艺发达的国家有:西欧的荷兰、英国、法国,南欧的意大利和西班牙,北美的美国和加拿大,亚洲的日本、韩国,中东的以色列、土耳其等。其分布与结构大体是:西欧地区以连栋玻璃温室为主,塑料薄膜温室和大棚主要集中在亚洲、南欧、北美及其他地区。

进入 20 世纪 70 年代以来,设施农业在国外发达国家发展迅速,位于北纬 50°~60°的荷兰、英国等西欧国家主要发展连栋玻璃温室,温室内温、光、水、气、肥等由计算机调控,从品种选择、栽培管理到采收包装,形成一整套完整规范化的技术体系,创造了当今世界最高的产量和效益水平。目前,该类温室主要集中在欧洲国家,仅荷兰就有 111 万 hm²,主要用于种植高产值的名贵花卉。最近,以荷兰为中心的西欧设施园艺先进国家因农业补贴减少而出现衰退状况,园艺设施的资金和技术纷纷转向经济发展迅速的亚洲如中国、韩国等国家和具有气候资源优势的近地中海沿岸的南欧和北非各国。20世纪90年代以来,南欧的西班牙和北非摩洛哥、阿尔及利亚、埃及等国借助气候优势或劳动力优势大力发展设施园艺,其产品输送到欧洲各国及俄罗斯、日本和美国。

以塑料薄膜为覆盖材料的普通塑料温室,集中在亚洲及环地中海国家,主要分布在中国、日本、韩国、西班牙。普通塑料温室是当今设施园艺的主体。为推进塑料温室的发展,日本、以色列等国进行了大量开发研究,不断推出新型温室结构,采用计算机调控生长条件、机械化作业管理,使用专用品种及规范化栽培技术,从而大大提高了产量和效益。

目前,代表园艺设施最高水平的植物工厂已在一些发达国家建成。植物工厂是在全封闭的设施内周年生产园艺作物的高度自动化控制生产体系,还可分别称之为"蔬菜工厂"、"花卉工厂"、"苗木工厂"等。植物工厂内以采用营养液栽培和自动化综合环境调控为重要标志,为使植物工厂内栽培环境达到高度自动化调控,设备建造及运转费用很高。植物工厂能免受外界不良环境影响,实现高技术密集型省力化作业,生菜、菠菜栽培期较露地缩短1/4～1/2时间,可一年多茬次连续生产。采用水培、立体栽培及移动床栽培可提高栽培面积效率2～4倍,浇水、施肥、温湿度管理自动化。播种、定植、采收作业全部由计算机控制,作业变得轻松舒适。奥地利、丹麦、美国、英国、日本等国都先后建立了一批植物工厂,用于试验研究和示范,为工厂化农业发展展现了美好前景。

发达国家的设施园艺工程已经形成独立的产业体系,主要有产前的种苗和肥料农药公司,产中的机械化生产体系和产后的销售及加工体系。在美国,有年产10亿株商品苗的美国维生种苗公司和年产1000万～2000万株商品苗的山本种苗场等专业育苗公司,在 40 年前就实现了种苗商品化。从 20 世纪 40 年代开始,美国蔬菜生产的整地施肥、起垄、移栽、直播、中耕、施药、除草和收获等作业均有配套机械。美国的蔬菜经过预冷,大部分直接运到超市,少数运到批发市场。在美国蔬菜的价格中,生产成本占1/3,收获、包装和预冷成本占1/3,流通利润和损耗占1/3。

第三节　我国园艺设施存在的问题及发展趋势

一、园艺设施存在的问题

从数量上来看,我国园艺设施的面积居世界前列,但与园艺设施发达的国家相比,还存在一定问题和差距。主要表现在以下几个方面。

第一,设施类型以小型、简易结构为主,抵御自然灾害能力差;日光温室墙体占地多,土地利用率低。据分析,在我国约 250 万 hm^2 设施园艺面积中,代表设施园艺最高水平的大型连栋温室在我国仅有 $100hm^2$,仅占总面积的 0.04%,多用于观光生产。日光温室约占 20%,是北方冬季大面积生产的惟一类型,高效节能型日光温室的比例小,如辽宁省第三代节能型日光温室只占本省温室总面积的 0.01%。日光温室遇到寒流或连阴(雪)天,光照不足失去热源和光源时,室内光照、温度、湿度都会出现不适合植物生育的逆境,轻则减产,重则绝收。同时,由于北方冬季严寒多风,普通日光温室主要靠加温来保证作物生育,消耗大量能源,成本过高。

塑料拱棚栽培面积 191 万 hm^2,占我国设施园艺总面积 76.4%,其中只有部分为钢骨架塑料拱棚,竹木结构占较大比例。由于塑料拱棚经常在遇到灾害性天气时受损,即使在正常天气,大部分塑料拱棚所能进行的环境调控手段也仅限于通风和避风,对环境的调节和控制能力有限,因此受自然气候影响很大,灾害性天气和年份的生产缺乏保障。

目前北方推广的高效节能型日光温室普遍采用加厚的墙体,平均墙体的厚度为 4～5m,日光温室的土地利用率仅为 40%～50%,土地浪费严重。

第二,园艺设施科技含量低,主要表现为缺乏统一标准;机械化程度低,自控设备不配套,可控程度差;配套资材品质差等。由于标准制定工作滞后,目前我国的设施标准缺乏,加上设施的使用受自然条件、经济条件等影响较大,因此各地农户使用的设施结构千差万别,大部分设施的设计和建造缺乏科学规划和指导,因此其性能并不能完全满足园艺作物生产的要求,在生产上存在着资源浪费、生产效能低等弊端。我国的园艺设施结构都比较简单,内部控制环境的设备较少,环境管理主要靠人工调节。如降温完全靠人工拉开薄膜通风,草苫卷放保温大部分靠人工管理,灌溉主要采用人工沟灌,施肥凭经验操作,盲目性大。另外,我国的薄膜、网纱等覆盖材料品种少、质量差、寿命短、价格昂贵。国外的覆盖材料由于导入高新科技,薄膜等覆盖材料品质好,寿命长、功能多,如薄膜流滴持效期长、消雾效果好。

第三,缺乏设施专用品种,设施栽培技术不配套。由于设施专用品种的育种工作开始较晚,目前我国设施园艺的专用品种较少,大部分主栽品种适应设施低温弱光环境的能力较差,在栽培管理上多沿用传统方法,与国外的无土栽培、营养液灌溉和电脑控制等先进管理技术相比,我国的栽培体系很难与设施环境及设施栽培品种相配套,导致设施栽培普遍存在产量低、产值差的现象。如我国温室番茄平均产量为每平方米 6～8kg,而荷兰产量高达50～60kg。

第四,设施园艺产业体系尚未形成,产后技术跟不上。我国设施园艺的生产经营方式以个体农户为主,劳动生产率很低,只相当

于发达国家的 1/10,甚至 1/100。规模化、产业化的水平更低,社
会化服务体系和市场发育不健全,分散经营、随意种植的小农户生
产与大市场、大流通的矛盾越来越突出,更难以走出国门与国际市
场接轨。发达国家的设施园艺已形成独立的产业体系,我国的产
前生产资料市场和种苗生产、产中技术服务和产后处理、营销体系
还很不完善,大部分环节还是分散的,以小型的乡镇企业为主,尤
其在硬件的生产与制造方面技术水平、工艺水平不高,无法和发达
国家相比。

第五,设施生产效益下滑,单位设施面积效益差。20 世纪 90
年代是园艺设施的高速发展期,然而,以设施蔬菜栽培为主体的设
施园艺开始出现结构性、季节性过剩和效益不稳甚至下滑的态势。
主要原因为各地的设施栽培茬口和产品种类相对集中,部分地区
设施发展过快,市场拓展滞后。同发达国家相比,我国的单位设施
面积效益还较低。以我国引进的荷兰芬洛型温室为例,将国内经
营管理最好的上海孙桥现代农业联合发展公司与荷兰相比,1999
年孙桥经营番茄的年利润为 50 元/m²,同期荷兰的年利润高达
288 元/m²,二者相差甚远。

二、园艺设施的发展趋势

(一)设施农业进行区划布局

我国横跨热带、亚热带、温带和寒带四个气候带,各地自然条
件差异大,按照自然资源和生产特点设施蔬菜栽培可分为东北和
蒙新北温带气候区、华北暖温带气候区、长江流域亚热带气候区、
华南热带气候区(表 3)。在宏观上,实施设施农业的区划布局应
明确在各生态区适宜发展的设施类型,使各种设施类型合理分布,
并具体规范各气候区设施的规格、技术参数,合理安排种植结构,
以充分发挥各地资源优势。

表3　全国设施蔬菜栽培区划

分　区	位　置	气候特点	主要设施
东北和蒙新北温带气候区	长城以北,全年最冷候气温－10℃等温线以北地区,包括黑龙江、吉林、辽宁、新疆、内蒙古等地	冬季日照充足,但日照时数少;1月份平均日照时数180～200小时,日照百分率60%～70%,1月份平均气温≤－10℃,北部最低达－20℃～－30℃	冬季:日光温室(临时加温);春秋:塑料棚(防寒防风)
华北暖温带气候区	秦岭、淮河以北,长城以南,最冷候气温－10℃等温线以南,0℃等温线以北地区,包括北京、天津、河北、山东、河南、山西和陕西的长城以南至渭河平原以北地区、辽东半岛、甘肃、青海、西藏、江苏和安徽北部	1月份平均日照时数≥160小时,平均最低气温0℃～－10℃;春季日照充足,适宜发展日光温室	冬季:日光温室(北部临时加温);春秋:塑料棚;观光:现代加温温室
长江流域亚热带气候区	秦岭、淮河以南,南岭－武夷山以北,四川西部－云贵高原以东,最冷候气温0℃等温线以南,5℃等温线以北地区,包括江苏和安徽南部、湖南、湖北、浙江、江西、四川、贵州、陕西的渭河平原等	冬春季多阴雨,寡日照,冬季温度条件较好。1月份平均日照百分率≤45%,其中四川、贵州、湘西和鄂西日照百分率在全国最低,≤20%;1月份平均最低气温0℃～8℃	冬春季:塑料大、中棚(多重覆盖);夏季:遮阳网、防雨棚;观光:开放型现代玻璃温室

续表3

分　区	位　置	气候特点	主要设施
华南热带气候区	最冷候气温5℃等温线以南地区,包括福建、广东、海南、台湾、广西、云南、贵州	1月份平均气温≥12℃,周年无霜冻,可全年露地栽培蔬菜	夏季:遮阳网、防雨棚、开放型玻璃温室

(二)以节能为核心,开发新型温室,并逐步实现设施标准化

通过对我国的气候特点和消费水平分析,今后设施结构的研发应以高效节能为核心,开发适宜我国不同气候区的节能型温室。

我国北方大多数地区属于大陆性气候,冬季寒冷风大,气温比同纬度其他国家要低,如1月份,东北地区比同纬度其他国家偏低14℃~18℃,黄河流域偏低10℃~14℃,长江流域偏低8℃,华南沿海也偏低5℃;北方冬季日平均气温≤5℃的负积温比同纬度国家高1~4倍。夏季酷热,气温比同纬度其他国家温度高,如7月份,东北和内蒙古北部平均气温比同纬度其他国家偏高4℃,华北平原偏高2.5℃,长江流域偏高1.5℃~2℃。这意味着我国冬季设施加温的能耗比欧洲各国高得多,夏季降温的能耗也多,加上夏季和雨季重叠,降温效果受到抑制。因此,节能是我国设施发展的重要课题。北方发展设施应加强对保温性能的研究,重点开发塑料温室,以减少冬季的热能耗;而在南方地区,则应加强对夏季通风装置的研究,以减少夏季的温室高热。玻璃温室采光好、抗风能力强,但保温运行成本高,可在沿海多台风地区、经济发达地区发展。另外,为了提高日光温室土地利用率和环境控制能力,需要开发新型墙体材料、保温材料和骨架材料,设计大跨度、高空间、透光保温好且便于机械化操作的新型温室结构,以全面提高温室的总体质量。

目前只有《温室结构设计载荷》国家标准,天津市已制定实施了《新型节能日光温室建造技术规范》地方标准,温室标准化还有很多工作要做。另外,现有的控制系统大都具有较强的针对性,因为温室的结构千差万别,所以控制系统的优劣缺乏横向可比性。因此,借鉴国外经验,建立本国模式是温室行业国产化的必由之路。由于我国地域辽阔,气候多样,所以我国温室的研究设计单位应建立不同地区、不同气候条件下的温室模式,从而使我国温室产业的发展模式有据可依。同时,制订相应的行业标准及地区标准,形成配套的标准体系,促进温室标准化,推动控制系统的研发与推广。

(三)开发设施内环境控制技术与设备

21世纪农业的明显特征是以高科技为依托的工厂化高效农业。工厂化农业是指在相对可控环境条件下采用工业化生产,实现集约高效及可持续发展的现代化生产方式。针对我国设施可控能力低的现状,应重点研发温室环境自动化控制技术,包括必要的环境调节设备、信息技术与专家系统。

目前,我国引进温室的控制系统大多运行费用过高,而自行研制的控制系统缺乏相应的优化软件,大多仍使用单因子开关量进行环境因子的调节,而实际上温室内的日射量、气温、地温、湿度及二氧化碳浓度等环境要素是在相互间彼此关联着的环境中对作物的生长产生影响的,环境要素的时间变化和空间变化都很复杂,当我们改变某一环境因子时常会把其他环境因子变到一个不适当的水平上。因此,需要结合温室内的物理模型、作物的生长模型和温室生产的经济模型,开发出与我国温室及生产现状相适应的环境控制优化软件。在研发软件的同时,还要开发与我国设施骨架、结构相配套的环境控制硬件,配合标准化温室加以推广,尽快实现国产日光温室的环境自动控制管理,提高设施环境控制能力。

(四)开发应用设施生产机械作业设备

为适应现代化农业的需要,需要开发一系列适合温室等大型设施内使用的农机具,如开发设施农业节水灌溉设备,引进开发微型耕作机、播种机、超微量喷雾器和喷粉器、二氧化碳发生器、环境因子速测仪等小型器械。这些轻便、多功能、高性能的设施园艺耕作机具可以使人们从播种、栽苗、嫁接、施肥、施药、采收等劳动中解放出来,实现设施园艺机械化,减少园艺产品中的劳动力成本,提高产品竞争力,提高生产效率。

(五)培育设施园艺产业化生产体系

产业化体系即设计、制造、生产和销售一条龙,农科贸一体化,设施园艺产业化生产体系具体包括设备设施与环境工程、种子工程、产后处理工程、蔬菜工厂化种植工艺工程等部分,今后应重视培育设施园艺产业化生产体系,健全产前的服务体系、产中的规模化和机械化生产体系、产后的销售与加工体系。

(六)设施栽培规范化,发展环境友好型可持续生产技术

实现栽培技术规范化是提升设施园艺总体水平的重要途径。在设施可控条件下,利用先进的管理技术进行栽培管理,如抗病虫品种的应用、采用精量播种和水肥管理技术、综合防治病虫技术、合理轮作和土壤修复技术、昆虫授粉等,一方面可充分利用设施内的资源,减轻作物病虫害,提高植株抗性和产量,增加经济效益。另一方面,还可减少化肥、农药对农业环境的污染,减轻连作障碍,实现园艺作物的可持续生产,提供安全营养的优质园艺产品。

复习思考题

1. 园艺设施的概念是什么?

2. 园艺设施的主要类型有哪些? 目前存在哪些问题? 发展趋势是什么?

第一章 简易设施

简易园艺设施主要包括地面简易覆盖和近地面覆盖两类。其中,地面简易覆盖包括砂石覆盖、秸秆和草粪覆盖、浮动覆盖、朝阳沟等类型,近地面覆盖包括风障畦、阳畦、温床、小拱棚等类型。这些园艺设施虽然多是较原始的保护栽培设施类型,但由于具有取材容易、建造简单、价格低廉、效益相对较高等优点,目前仍在许多地区应用。

第一节 风障畦和地面覆盖

一、风障畦

(一)风障的结构

风障是在作物栽培畦的北面立起的一排东西延长的挡风屏障,设立风障的栽培畦称为风障畦。风障是由篱笆、披风和土背组成,是一种简易保护设施(图 1-1)。

风障依其高度不同可分为大风障畦和小风障畦两种。

1. 大风障畦 大风障畦高 2m 以上,依据其有无披风分为完全风障畦和简易风障畦两种。

(1)完全风障畦 完全风障畦由篱笆、披风、土背和栽培畦四部分组成。篱笆高 2～2.5m,披风 1～1.5m,披风较厚,防风效果较好。

(2)简易风障畦 简易风障畦只有篱笆和栽培畦组成。篱笆较稀疏,高 2～2.5m。

2. 小风障畦 小风障畦高 1m 左右。小风障畦结构简单,只

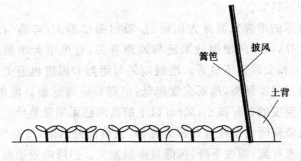

图 1-1　风障畦

在栽培畦的北面设置高 1m 左右的挡风屏障。一般用芦苇、竹竿夹稻草等材料架设风障。它的防风范围较小,在春季每排风障只能保护相当于风障高度 2～3 倍的菜畦面积。

(二)风障的性能

风障最主要的性能是减弱风速,它可以降低风障前空气流动速度,稳定风障前的气流,减少由于空气流动而造成的近地表面的散热,提高栽培畦温度。

1. 防风　风障减弱风速稳定气流的作用较明显。风障一般可减弱风速 10%～50%。风速越大,防风效果越明显。风障最有效的防风范围是风障高度的 1.5～2 倍。大风障较高,其防风效果比小风障好,一般防风范围是 3～5m。超过风障高度 2 倍之后,防风效果随距离的增加逐渐减弱。风障排数越多,风速越小,防风的效果越好,风障的设置以多排的风障群为好。

2. 增温　风障有提高气温和地温的作用。其增温原理是,在垂直来风方向架设风障后,对风形成阻碍,降低了空气流动速度,近地面空气相对比较稳定,这样就减少了空气流动而造成的近地表面散热,使栽培畦温度比露地高。据在北京地区测试,在 1～2 月份的严寒季节,露地地表温度为 −17℃ 时,风障前 1m 内地表

温度为 $-11℃$。

风障的增温来源是太阳辐射,辐射强度越大,畦温与地温越高。此外,风障的增温效果还与风速有关,有风晴天增温效果明显,阴天和无风天不显著。增温效果与距离和温度也有关系。距风障越近温度越高,越远温度越低,但随着距离地面高度的增加,障内外温度的差异减小,50cm 以上的高度已无明显差异。

风障夜间由于没有外覆盖保温,土壤向外散热,冷空气下沉,形成垂直对流,温度下降,风障昼夜温差大。但障内近地面的温度及地温仍比露地略高。

风障内侧和外侧地温的差异比气温明显,如距风障 0.5m 处的地温,比露地高 2 倍多,但是阴天只高 $0.6℃$。由于风障对地温有明显的增温作用,风障可减少冻土层厚度。冬季封冻,障前冻土层深度比露地浅,到春天能提前解冻。据在北京地区测试,入春后,当露地土层化冻 7~12cm 时,风障南侧 3m 以内已完全解冻。但是在风障北侧,由于遮荫影响,冻土层比露地深。

(三)风障的建造

1. 建造风障的材料 风障属简易的园艺设施,用的时候临时搭建,不用时随时拆除。风障建造多就地取材。篱笆一般用芦苇、秫秸、玉米秸、木棍、竹竿、树枝等。披风一般用稻草、茅草、草苫、蒲席等结构致密的材料。也有些地区用废旧塑料薄膜或反光膜做披风,由于塑料薄膜有反光和密不透风的特点,其增温作用尤为显著。此外,种植初期的观赏树木越冬时可在北侧张挂彩色工程布作风障,在有些国家用 15cm 宽的黑色塑料薄膜条,编织在木桩拉起的铁丝网上,黑色薄膜条每编一条空一条,间隔 15cm,正好能减弱 50%风力。也有些国家用整张的网纱代替塑料薄膜条,叫寒冷纱。

2. 风障建造的技术规范

(1)风障的方位和角度　风向和障面交角 90°时防风效果最好,而当风向和障面交角 15°时防风效果仅有交角 90°时的 50%。如果单纯考虑挡风因素,风障的设置方位,应是风障的延长方向与当地的季候风的方向垂直。在我国北方地区,冬春季节的季候风多西北风,设置时应与这一方向垂直。除考虑风向外,也应注意障前的光照情况,要避免遮荫。考虑到遮光因素,我国北方地区设置风障的方向应是东西延长或与南偏东 5°的方向垂直。

风障与地面的夹角,冬春季节以保持 70°~75°为好,这样可以减少垂直方向上对流散热,加强风障的保温性能。为了避免遮荫,清明前后外界气温较高时可把风障直立。温度再高时,如五一前后,就可以撤掉风障。简易风障多采用垂直设立。

(2)风障的长度和排数　风障两端往往产生风的回流作用,因此长排风障比短排的防风效果好。多排风障比单排风障的防风效果好,在有条件的地区可以夹多排风障。在风障材料少时,夹多排风障不如减少排数延长风障长度。多风地区,可在风障区的西面再设一道风障,以增强整个栽培区的防风能力。

(3)风障的间距　多排风障的间距要根据栽培季节、栽培作物、风障的类型和材料的多少而定。一般完全风障主要在冬春使用,每排风障的间距应为其高度的 2.5~3.5 倍,在我国北方地区一般为 5~7m,保护 3~4 个栽培畦。简易风障主要用于春季及初夏,每排之间的距离为 8~14m,最大距离可达 15~25m。小风障的距离为 1.5~3.3m。大小风障可以结合使用。

(四)风障畦的应用

风障畦适用于晴天多、季候风明显的地区,在我国主要在北方地区应用。主要分为秋冬应用和春季应用两种类型。秋冬季节主要用于耐寒叶菜如韭菜、芹菜、小葱等的越冬栽培和花卉、绿化苗木等幼苗的越冬保护等。春季应用主要是耐寒叶菜的春早熟栽培如水萝卜、小白菜、油菜等的提早播种和提早收获。

风障是最早的栽培设施。近年来,虽然我国园艺设施的发展水平不断提高,但是风障仍有其应用价值,除了单独应用外,风障可与其他设施配套应用,如与阳畦、温床配套应用,可有利于改善冬季土地局部小气候条件,扩大其应用范围。

但应注意,风障白天虽能增温,并达到适温要求,但夜间由于没有保温设施,冬季土地经常处于冻结状态,因此生产局限性很大,季节性很强,效益较低。由于风障的热源是阳光,因此在阴天多、日照率低的地区不适用,在高寒及高纬度地区应用时效果不明显。另外,在南风或乱流风多的地区也会影响使用效果。

二、地面简易覆盖

(一)砂田覆盖

1. 分类 砂田是用大小不等的卵石和粗砂分层覆盖在土壤表面而成。砂田覆盖栽培起源于我国甘肃省中部地区,至今已有四五百年的历史。砂田主要分布于我国西北的甘肃、青海、宁夏、陕西及新疆等省和自治区。砂田可分为旱砂田和水砂田两种。旱砂田的铺砂厚度一般为 10~16cm,其使用年限可达 40~60 年。水砂田的铺砂厚度一般为 5~7cm,使用年限为 4~5 年。旱砂田主要分布于高原和沟谷中,以种植粮食作物为主。水砂田分布于水源充足的地方,以种植蔬菜和瓜果为主。

2. 砂田的性能

(1)保水性能显著 因砂粒空隙大,降雨后雨水立刻渗入地下,减少了地表径流,增加了土壤含水量。据测定:砂田的水分渗透率比土田高 9 倍。同时,也因为砂粒空隙大,不能与土壤的毛细管连接,因此土壤水分不能通过毛细管的张力而大量向外蒸发,从而达到了良好的保墒作用。据检测,砂田 3~10 月份的土壤含水量变化很小,而且砂田与土田相比,越是土壤表层,砂田比土田的含水量越多。如 0～10cm 土田平均含水量为 7.92%,而砂田为 15.72%。

(2)增加土壤温度 因砂、石凹凸不平,使地表面的受热面积较大,还因为砂、石松散,其内部有大量的空气,因此降低了砂、石整体的热容量,从而使白天砂、石增温较快。这些热量不断地传导到土层中,使土壤也增温较快,而且当外界降温时,由于砂、石疏松,土层中的热量又不容易传导到地表上来,因此减少了放热,所以砂田土壤温度要比土田高。据测定,3 月份砂田平均土壤温度为 8.52℃,土田则为 5.32℃。

(3)具有保肥作用 因砂田地表径流很少,肥料被冲刷的也少,而且无机盐类挥发损失也少;同时,由于砂田很少翻耕,有机质分解较慢,因此具有一定的保肥作用。砂、石覆盖后,也可减少杂草的危害。

3. 砂田的铺设 在铺砂前要翻耕土壤,并施足基肥、压实,铺砂后一般土壤不再翻耕,但有时在前茬作物采收后翻砂,以多积蓄雨水,有利于下茬作物生长。

铺设砂田是一项费时、费工的农田基本建设。因砂田使用年限较长,因此必须注意质量。其具体应注意以下五方面:①底田要平整,并要做到"三犁三耙",镇压,使其外实内松;②施足基肥,一般每公顷施有机肥 3.75 万～7.5 万 kg,并需追施氮磷钾无机肥;③选用含土少、色深、松散的适宜砂和表面棱角少而圆滑、直径在 8cm 以下的卵石,砂、石比例以 6:4 或 5:5 为宜;④铺砂厚度要均匀一致,旱砂田或气候干旱、蒸发量大的地区应铺砂厚些,水砂田或气候阴凉、雨水较多的地区应适当薄些;⑤整地时应修好防洪渠沟,使排水通畅。

4. 砂田的应用 低温干旱地区可利用水砂田栽培喜温果菜类蔬菜,西北地区多栽培甜瓜、白兰瓜和西瓜等瓜果类作物。

(二)秸秆及草粪覆盖

1. 秸秆覆盖 秸秆覆盖是在畦面上或垄沟及垄台上铺一层农作物(如稻草)秸秆,铺设厚度因目的不同而异,一般为 4～5cm。秸秆覆盖可保持土壤水分稳定,减少浇水次数。可保持土壤温度稳定,由于稻草疏松,导热率低,因此南方地区覆盖稻草可减少太阳辐射热能向地中传导,故可适当降低土壤温度;而北方地区秋冬季覆盖稻草可减少土壤中的热量向外传导,从而保持土壤有较高的温度,可防止土壤板结和杂草丛生。也可防止土传病害的侵染机会,从而减轻了病害的发生。还可以减少土壤水分蒸发,降低空气湿度,从而也可起到减轻病害发生的作用。

秸秆覆盖在我国南方地区夏季蔬菜生产中应用较多,北方地区主要在浅播的小粒种子(如芹菜、芫荽、韭菜、葱等)播种时,为防止播种后土壤干裂以及越冬作物(如大蒜)安全越冬而应用。

2. 草、粪覆盖 草、粪覆盖是初冬大地封冻前,一般在外界气温降至−5℃～−4℃,在浇过封冻水的地面上已有些见干时,在畦面上盖一层 4～5cm 厚的碎草或土粪,一般以马粪为宜。在初春夜间气温回升到−5℃～−4℃时撤除覆盖物。草、粪覆盖可减轻表层土壤的冻结程度,保护越冬蔬菜不受冻害而安全越冬,同时可使土壤提前解冻,使植株早萌发生长,达到提早采收和丰产的目的;而且还可减少土壤水分蒸发,保持土壤墒情,避免春季温度回升时因土壤缺水而造成越冬植株枯死。

草、粪覆盖主要在我国北方越冬蔬菜中应用较多,但应用草、粪覆盖时还要与其他措施相结合,才能取得很好的效果。如草、粪覆盖配合风障,可大大提高地温,促进提早采收;适时播种可增加植株的抗寒力;及时浇封冻水可避免第二年春天由于土壤干裂而死苗等。

由于我国北方早春气候多变,应用草、粪覆盖要注意撤除时间。如果过早撤除,在覆盖物下已萌发的细嫩植株易受早春寒流影响发生冻害;过晚撤除,已萌发的植株由于长期见不到光而叶片黄弱,甚至因湿度大而造成植株茎叶腐烂现象。

(三)浮动覆盖

浮动覆盖也称直接覆盖或漂浮覆盖(主要形式有露地浮动覆盖、小拱棚浮动覆盖、温室和大棚浮动覆盖等三种),是不用任何骨架材料,将不织布(无纺布)等轻型保温材料直接覆盖在作物表面的一种保温栽培方法。浮动覆盖常用的覆盖材料主要有不织布、遮阳网等。蔬菜作物播种或定植后,盖上覆盖材料,周围用绳索或土壤固定住。覆盖材料的面积要大于覆盖畦的实际面积,给作物生长留有余地。在大型落叶果树上应用时,可将覆盖物罩在树冠上,在基部用绳索固定在树干上。

浮动覆盖最主要的性能是提高温度,采用浮动覆盖可使温度提高1℃~3℃。春秋应用可使耐寒和半耐寒蔬菜露地栽培提早或延后20~30天,使果树栽培提早10~15天。对叶菜类蔬菜春提早和秋延后栽培,落叶果树春提早栽培,特别是防止霜冻效果较好。

(四)朝 阳 沟

朝阳沟最初是利用温室、阳畦上淘汰的旧玻璃,加盖特制的小草苫而成,主要用来种植西葫芦等瓜类蔬菜,可比露地栽培提早1个月上市。但由于旧玻璃数量有限,所以栽培面积较小。近年来,塑料薄膜朝阳沟已代替了玻璃朝阳沟,面积迅速扩大,由城市郊区推向农村,栽培的蔬菜除西葫芦外,还有西瓜、芹菜、番茄、甜椒等。

1. 塑料薄膜朝阳沟的结构 朝阳沟由风障、土墙、支杆、塑料薄膜和草苫构成。土墙高45cm;支杆长40~50cm,支杆上覆盖棚膜,栽培畦宽40~50cm。另一种简易朝阳沟只挖一条宽40~50cm的定植沟,沟深40~50cm,沟上插拱圆形小支架,上扣薄膜,栽1行或2行作物(图1-2)。

2. 塑料薄膜朝阳沟的设置 塑料薄膜朝阳沟应选择地势平

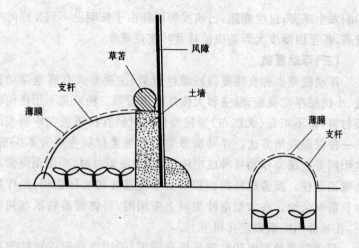

图 1-2　朝阳沟

坦、便于排灌的地块。建造前先在场地东、北和西南架设风障,俗称围障,高 1m 以上;再按东西向确定土墙位置,后墙间距离为 1~1.2m。

　　建造朝阳沟前先洇水,待土壤湿度适宜时开始打土墙。土墙用背面的土打成(在 10 月下旬进行),厚 20~25cm。先把表土取出备育苗用,后开沟取生土打墙。墙体打好后用铁锨将南、北和上面铲平,再在沟内架设小风障,小风障高 1m 即可。墙体必须在上冻以前干透,否则一冻一化,容易使墙体疏松而塌落。后墙打好后,立即开沟施肥,耙平后趁湿将支杆插牢,支杆可用竹竿,每 30cm 一根;也可因地制宜采用树枝、玉米秸、高粱秸或棉花秆等。支杆一头插于后墙顶部,另一头插入土内,待秧苗定植前再扣薄膜及加盖草苫。

　　3. 塑料薄膜朝阳沟的性能及应用　塑料薄膜朝阳沟,除有风障外,北面还有矮墙,可使风速减小。朝阳沟的气流稳定,能减少热量损失。后墙用土打成,而且较厚,白天充分吸收太阳辐射的热能,夜间还可向朝阳沟内散发;同时,朝阳沟由于地膜、棚膜和草苫的覆盖,它的保温性能比地膜覆盖及塑料薄膜小拱棚要强。2 月份沟内地面温度,夜间可比露地提高 5℃～15℃;白天由于后墙的吸热,沟内增温没有塑料小拱棚那样剧烈。

朝阳沟主要用于春提早栽培西葫芦、西瓜、芹菜、番茄、甜椒等蔬菜。

三、地膜覆盖

由于地膜覆盖简单易行,投资少,增产效果显著,目前栽培面积已达相当规模。在园艺作物、粮食作物、油料作物均普遍应用。目前应用的地膜主要为透明膜(厚度 0.01～0.02mm)和超薄透明膜(厚度 0.006～0.008mm),少部分为黑色地膜(厚度 0.015～0.025mm)、银灰色反光地膜(厚度 0.015～0.02mm)、绿色地膜(厚度 0.015～0.02mm)。另外,还有黑白双色膜、光降解膜、杀菌膜、微孔地膜等。

(一)地膜覆盖的效应

1. 对环境条件的影响

(1)提高地温　地膜覆盖后,太阳的辐射光能透过地膜投射到土表,由于地膜有良好的透光性和不透气性,既能接受太阳光辐射大量的热能,又能阻止近地层的乱流或平流运动的热消耗和阻挡地面辐射的逸出,产生温室效应,从而大大地降低了土壤与大气的热交换,减少了蒸发耗热,有效地提高了土壤温度。地膜覆盖的增温效果,受地膜覆盖时期、覆盖方式、土层深度、天气条件及地膜种类不同的影响。

不同覆盖时期增温效果不同。春季低温期,覆盖透明地膜可使 10cm 以内的土壤温度增高 2℃～6℃。进入夏季后,如果在不被遮荫的条件下,地膜下地温可达 50℃以上,但此时一般都有作物遮荫,同时由于降雨等也使地膜表面不清洁,所以此时膜下地温只比露地略高或没有什么增温效果。

不同的地膜覆盖方式增温效果也不相同。一般高垄、高畦覆盖比平畦覆盖增温效果好,宽垄覆盖比窄垄覆盖效果好,东西延长的高垄比南北延长的高垄增温效果好。此外,浅层土壤的增温效果比深层强,晴天地膜增温效果明显,无色透明地膜比其他有色地膜的增温效果好。

(2)保水提墒 覆盖地膜后,膜内外空气因膜的阻隔不能自由交换,有效地阻止了水分在太阳辐射热作用下的蒸发。同时,在土壤热梯度差的作用下,促进了深层土壤毛细管水分向上运动,增加了土壤上层的水分含量,所以具有明显的保水提墒作用。需要注意的是,地膜的保水节水能力,必须是土壤中有水可保,才能充分发挥它的保墒节水特性,它本身不能增加土壤水分。生产上个别地区也可能发生地膜覆盖下的土壤失墒缺水现象,造成减产。其原因是土壤中的水分在覆盖初期就不足。这种情况往往出现在经常春旱的地区或者在冬雪较少的年份,上层土壤水分不足。在这种情况下,覆膜前应进行人工补墒。如果覆膜过程粗放,盖土不严密,这种失墒缺水的现象就更容易发生。

(3)改善土壤理化性状、促进土壤养分分解、提高土壤肥力 地面覆盖后,能避免降雨和灌水造成的土壤板结,使土壤容重、孔隙度、三相(气态、液态、固态)比和团粒结构等均优于未覆盖地膜的土壤。地膜覆盖还能使土壤团粒增加。由于地膜覆盖可以保持土壤疏松和良好的通气环境,因此土壤微生物活动能力大大加强,加速了土壤有机质的矿化分解和氨态氮的硝化,增加了土壤可给态养分,提高了土壤肥力。同时,地膜覆盖减少了土壤中养分被雨水或浇灌水的冲刷损失。需要注意的是,地膜覆盖后,栽培前期土壤的养分供应强度比较大,土壤养分消耗也比较多,如不及时补充肥料,栽培后期容易发生养分供应不足,出现脱肥早衰的现象。

(4)防止和减轻土壤返盐 地膜覆盖由于切断了土壤水分与大气交换的通道,减少了土壤水分的蒸发量,从而也减少了随水分带到土壤表面的盐分,能在一定程度上防止和减轻土壤返盐。但由于地膜覆盖仅能起抑制土壤耕层盐分上升的作用,并不能使土壤盐分减少,如果只覆盖地膜而不采取其他措施,由于有作用的主要是在0～5cm土壤表层,而50cm以内土层的总盐量不发生显著变化,5～25cm土层的盐分还有可能增加。如果在畦间过道铺上5cm厚的稻壳,50cm以内各土层含盐量均有所降低,平均降低约40%。

(5)增加近地面光照　由于地膜本身和膜下附着的许多细微的水珠对光有较强的反射作用,地膜覆盖可使晴天中午作物群体中下部光照增加12%～14%的反射光,从而大大提高作物的光合强度,提高产量增进品质。银灰色反光膜常用来增加植株中下部的光照。

(6)防止和减轻病虫害　地膜覆盖有综合改善环境条件的作用,一方面能使作物生长健壮,增强抗病性。另一方面能防止雨水冲刷和地表径流,降低空气湿度,对各种土传病害和借风雨传播的病害,以及部分虫害都有抑制作用,如覆盖银灰色地膜有强烈的避蚜作用。

(7)抑制和减轻杂草危害　黑色和绿色地膜对杂草有抑制作用。透明地膜如与地面紧贴,晴天中午膜内温度可达到40℃～50℃,刚萌动的杂草幼芽则会在膜的高温效应下灼伤致死。透明膜对杂草的防除和抑制作用与整地质量、覆盖的严密程度等因素密切相关。如果封闭不严,还可能导致杂草丛生。而附有除草剂的杀草膜除草效果比较理想。

2. 对园艺作物生育的影响　地膜覆盖由于改善了土壤环境,促进园艺作物种子萌发及根系的生长,可使作物提早成熟、增产增收、提高经济效益。

(1)促进种子发芽出土及加速营养生长　早春采用透明地膜覆盖,可使耐寒蔬菜提早出苗2～4天,使喜温蔬菜提早出苗6～7

天,并能提高出苗率,起到苗齐、苗全、苗壮的作用。此外,也加速了作物的营养生长,促进了根系的发育。

(2)促进作物早熟　地膜覆盖为作物创造了良好的生长条件,使园艺作物的生长发育速度加快,各生育期相应提前,因而可以提早成熟。其促进作物早熟的效果依作物种类和季节的不同而异。一般说来,早春季节比其他季节效果好,早熟品种效果比中、晚熟品种好,喜温性作物的效果比耐寒性作物的效果好,果菜类、根菜类比叶菜类效果好。

(3)促进植株发育和提高产量　地膜覆盖后,可使多种蔬菜的开花期提前、产量提高。如蔬菜作物中的瓜类和茄果类蔬菜,瓜果中的葡萄、草莓、西瓜、甜瓜、苹果、菠萝等。

但是,地膜覆盖的增产效应因覆盖方式、时期、地膜种类,特别是肥水管理技术等的不同而有较大差异,有时还会因营养生长与生殖生长失调或脱肥早衰而造成减产,生产中必须注意。

(4)提高产品质量　地膜覆盖栽培不但使作物早熟、增产,而且产品质量也有不同程度的提高,番茄、茄子、黄瓜、四季豆、马铃薯、西瓜、甜瓜等早期收获的产品一般表现单果重增加,外观好,品质佳。例如,番茄果实大小整齐一致,脐腐病果和畸形果减少。利用银色薄膜在苹果树冠下覆盖,可促进苹果果实着色,葡萄地膜覆盖后果实的含糖量增加。

(5)增强作物抗逆性　因地膜覆盖后栽培环境条件得到改善,植株生长健壮,自身抗性增强,某些病虫及风等的危害减轻,尤其是对茄果类和瓜类蔬菜病害的抑制作用明显。如地膜覆盖的黄瓜霜霉病发病率降低 40%,发病期推迟 12 天。青椒、番茄病毒病发病率减少 7.9%~18%,病情指数降低 1.7%~20.7%。乳白膜、银色反光膜有明显的驱蚜效果,番茄定植后 34 天的避蚜效果分别为 54% 和 35%,而普通透明膜、黑色膜和绿色膜则有明显的诱蚜作用,诱蚜效果分别为 30%、44% 和 49%。

(二)地膜的覆盖方式

我国在从日本引进地膜覆盖栽培技术后,在消化、吸收的基础上,结合我国生产实际及气候条件形成了多种覆盖方式(图1-3)。各地在选用时应根据当地自然条件、栽培作物的种类及生产季节灵活选用。

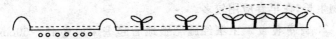

平畦覆盖(左:播后苗前,中:长期覆盖,右:近地面覆盖)

高垄覆盖

高畦覆盖

沟畦覆盖

图1-3　地膜覆盖的形式

1. 平畦覆盖　将地膜覆盖在平畦的畦面上。畦宽1～1.2m,畦埂宽20cm,高8～10cm,畦长依地块而定。多用于播种后或定植前覆盖,将地膜平铺畦面,四周用土压紧。这种覆盖方式可以作临时性覆盖,也可以长期覆盖。临时性覆盖主要是育苗时用,出苗后将膜揭除。长期覆盖用于作物整个生育期。平畦覆盖方式省工、容易浇水,且栽培初期增温效果好,但灌水后容易污染淤泥,降低其透光和增温效果,栽培后期基本没有增温作用。有时也把地膜盖在幼苗上面,需要竹片支撑,这种覆盖方式可促进幼苗或矮棵作物生长,在早春应用较多。

2. 高垄覆盖 土壤经施肥整地后起垄。垄宽 45~60cm,高10cm 左右,垄距 60~70cm,在畦面上覆盖地膜,一般每垄栽培1~2 行作物。高垄地膜覆盖土壤接受的太阳辐射多,地温回升快,增温幅度大,其增温效果要比平畦覆盖好得多,一般比平畦覆盖高1℃~2℃,有利于作物早发快长,提早上市。在高寒地区是一种最常见的地膜覆盖形式。

砂壤土和干旱地区,灌溉条件差,垄宜矮,而黏土及多雨湿润地区垄宜高。高垄覆盖地膜栽培,须深翻细耙,施足基肥,起垄镇压成型。

3. 高畦覆盖 高畦覆盖是日本最基本的地膜覆盖方式,也是我国目前应用最广泛的覆盖方式。高畦的畦背宽 60~120cm,畦底宽 100~150cm,高 10~15cm,灌水沟宽 30cm 以上。高畦覆盖与高垄的覆盖方式基本相同,但畦面为平顶或龟背形,地膜平铺在高畦的面上。多用于南方地下水位低、多雨的地区。

4. 沟畦覆盖 沟畦覆盖是我国地膜改良覆盖方式。将畦做成宽 50cm 左右的沟,沟深 15~20cm,先把栽培作物播种或定植到沟或穴里,然后在地面覆盖薄膜,薄膜虽然覆盖在地面,但对栽培的作物来说,首先盖的是天。当植株顶到薄膜时,在苗的顶部把地膜割成十字,称为"割口放风",割口放风要及时,以防止烤苗。露地的晚霜过后,就可以把苗放出来,再在根周围土封压住膜,所以这种覆盖方式又叫做"先盖天,后盖地"。用沟畦覆盖既能提高地温,也能增高沟内空间的气温,使幼苗在沟内避霜、避风,所以这种方式兼具地膜与小拱棚的双重作用。

生产中采取何种地膜覆盖方式,应根据作物种类、栽培时期及栽培方式的不同而定。如采用明水沟灌时,应适当缩小畦面,加宽畦沟;如实行膜下软管滴灌时,可适当加宽畦面,加大畦高,畦面越高,增温效果越好。

(三)地膜覆盖的技术要点

地膜覆盖栽培是传统农业和现代农业相结合的新科学,是集约化栽培的一种形式。地膜覆盖仅仅是整个地膜覆盖栽培的生产环节之一,必须与耕作、施肥、灌水、田间管理等农事措施配合才能充分发挥其效益。因此,必须注重覆膜质量,提高覆盖技术。

1. 施足基肥　地膜覆盖栽培因地温较高,土壤中微生物活动旺盛,加速了有机质的分解和养分的消耗;同时,地膜覆盖栽培模式下作物生长旺盛,开花结果多,养分消耗比露地多。如不增施肥料,在地力较低和基肥不足的情况下,作物生长后期就容易脱肥。因此,地膜覆盖要施足基肥,特别是有机肥的施入量要足。

2. 精细整地、做畦　地膜覆盖栽培增产效果的大小,取决于盖膜质量的好坏,盖膜质量的好坏又取决于整地质量。整地质量差,地膜不易与表土紧贴而影响升温和除草效果。因此,整地应做到以下六个字。

碎:表土要细碎,消除直径在 2cm 以上的土块。

松:土壤疏松不板结,上虚下实。

平:把地整平,地表或垄面应无高包和洼坑,垄的弧度要一致。

净:整地前后拾净土壤地表的秸秆、残茬及杂草等物,以免刺破地膜。

齐:田边、地角要整齐,保证播行和膜行端直,行距基本一致。

实:整地或起垄时要经过镇压,整形压实后便于水分沿毛细管上升,有利于作物出苗生长。

地膜覆盖栽培主要有高畦(高垄)和平畦两种类型。高畦和高垄一般做成圆头型,畦或垄的中央略高,两边呈缓坡状,忌成直角形,以防凹凸不平积水。畦或垄以南北方向延伸为宜。在做畦过程中,要注意打碎土坷垃,严防将杂物掩埋在畦或垄的下边。

3. 喷洒除草剂 地膜覆盖能将部分杂草闷死、烫死,但是仍难免彻底根除杂草滋生,而且覆盖地膜后除草困难。除了除草地膜外,其他地膜使用时都应喷洒除草剂。使用时按作物的种类不同选择合适的除草剂。除草剂的用量应少于露地的使用量,否则易造成药害。

4. 覆膜 覆膜的方式有两种,一种是先覆膜后播种。这种方式的优点是出苗后不需破膜放苗,不会高温烫苗。缺点是播后播种孔遇雨容易板结,出苗缓慢,人工点播较费工。二是先播种后覆盖。这种方式的优点是:能够保证播种时间的土壤水分,利于出苗,种子接触土壤紧密,播种时进度快,省工,利于机械化播种、覆膜,而且还可避免土壤遇雨板结而影响出苗。缺点是:出苗后放苗和围土比较费工,放苗不及时容易出现烫苗。

喷除草剂后要立即覆膜,人工覆膜时最少应 3 人一组,将地膜的一端在垄或畦的起始端埋好踩实后,一人铺展地膜,两人分别在畦两侧培土将地膜边缘压上。覆膜的质量是地膜覆盖栽培增产大小的关键。覆膜力求达到紧、平、严三项标准,即要求将膜拉紧、铺平、盖严,地膜紧贴土壤表面,每一个畦或垄上的地膜四周都要用土压实、压严。

5. 适时追肥,防止植株早衰 地膜覆盖栽培的作物在其生长发育后期,容易发生脱肥早衰,应在作物生产高峰期到来时及时补充肥料,以延长旺盛生长期或结果期,为提高产量打下基础。

6. 及时回收旧膜 地膜覆盖栽培生产结束后,要及时回收旧膜,以免残留在土壤中,对下茬作物造成不良影响和污染环境。

(四)地膜覆盖的应用

1. 露地栽培 地膜覆盖可用于果菜类、叶菜类、瓜果类、草莓或果树等的春早熟栽培。另外,地膜覆盖也广泛应用于大田作物栽培,如花生、棉花等。

2. 设施栽培　地膜覆盖还用于大棚、温室果菜类蔬菜、花卉和果树栽培,以提高地温和降低空气湿度。一般在秋、冬、春栽培中应用较多。

3. 园艺作物播种育苗　地膜覆盖也可用于各种园艺植物的播种育苗,以提高播种后的土壤温度和保持土壤湿度。

第二节　阳畦和改良阳畦

阳畦又称冷床、秧畦,它利用太阳光热来保持畦温。保温防寒性能优于风障畦,可在冬季保护耐寒性蔬菜幼苗越冬。在阳畦的基础上提高土框,加大玻璃窗角度,加强保温,称为改良阳畦(或称立壕、小暖窑),其性能又优于阳畦。

一、阳　畦

阳畦是由风障畦发展而来的简易保护地设施。将风障畦的畦埂增高成为畦框,在畦框上覆盖塑料薄膜,并在薄膜上加盖不透明覆盖物,这样的简易保护设施即为阳畦。

(一)阳畦的结构

阳畦由风障、畦框、透明覆盖物(玻璃、塑料薄膜)及保温覆盖物(草苫、草帘、蒲席)等组成。

1. 风障　风障结构与完全风障基本相同,一般由篱笆、披风和土背三部分组成。风障竖立在北框外侧,冬季稍向南倾斜,与地面成 70°夹角,春季用风障则垂直竖立。

2. 畦框　畦框一般用土筑成,分为南北框及东西两侧框。

由于各地的气候条件、材料资源、技术水平及栽培方式的不同,而产生了畦框成斜面的抢阳畦和畦框等高的槽子畦两大类型

(图 1-4)。

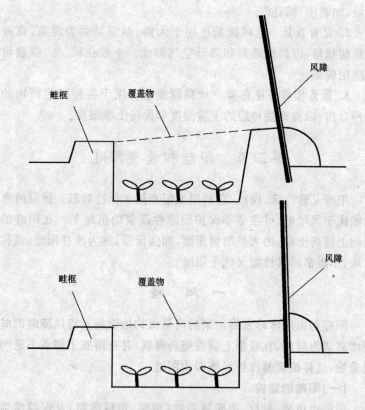

图 1-4　抢阳畦(上)和槽子畦(下)

（1）抢阳畦　抢阳畦是北墙较高，南墙较低，向南成坡面的一种阳畦。一般北框高 35～60cm，底宽 30cm 左右，顶宽 15～20cm。南框高 20～40cm，底宽 30～40cm，顶宽 30cm 左右。东西两框与南北两框相接，厚度与南框相同。畦面下宽 1.66m，上宽 1.82m，畦长 6m 或者是它的倍数，做成联畦。在太阳高度角低的季节，抢阳畦利于接受阳光,故名抢阳畦。

(2)槽子畦 槽子畦南北两框接近等高,框高而厚,四框做成后近似槽行,故名槽子畦。槽子畦主要应用于太阳高度角较高的季节或纬度较低的地区。北框高 40~60cm,宽 35~40cm,南框高 40~55cm,宽 30~35cm,东西两侧框宽 30cm 左右。畦面宽 1.66m,畦长 6~7m,或做成加倍长度的联畦。

3. 透明覆盖物 透明覆盖材料可以是玻璃也可以是塑料薄膜。用玻璃作覆盖材料时,先用木头制作窗扇,玻璃镶嵌,紧密排列而成。玻璃窗的长度与畦的宽度相等,宽度为 60~100cm,做法与房屋窗扇相同。现在大多采用塑料薄膜,先在畦上每隔 30~40cm 横放一根竹竿或木条,然后覆盖上塑料薄膜,四周用泥压紧。

4. 保温覆盖物 保温覆盖物大多采用长 1.8m、宽 1m 的稻草苫或蒲草苫,厚 4~5cm,长度依需要确定。

(二)阳畦的性能

阳畦除具有风障的效应外,由于增加了土框和覆盖物,白天可以大量吸收太阳辐射,夜间可以减少辐射强度,保温能力大大增强。阳畦的热源主要是太阳辐射,其温度受季节天气影响较大,晴天畦内温度较高,阴雪天畦内温度较低。同一阳畦,畦内不同的部位由于接受阳光热量的不同,导致畦内温度分布不均匀,一般中心部位和北部温度较高,南框和东西两侧附近温度较低。

1. 温度季节变化 阳畦的温度随着外界气温的变化而变化,也与其保温能力的高低及外部防寒覆盖状况有关。一般保温性能较好的阳畦,其内外温差可达 13℃~15.5℃。但保温较差的阳畦冬季最低气温可出现−4℃以下的低温,而春季温暖季节白天最高气温又可出现 30℃以上的高温,因此利用阳畦进行生产既要防止霜冻,又要防止高温危害。

2. 畦温受天气影响 晴天畦内温度较高,阴雪天气,畦内温度较低。

3. 畦内昼夜温、湿差较大 白天由于太阳辐射,使畦内温度迅速升高,夜间不断从畦内放出长波辐射,从而迅速降温,一般畦内昼夜温差可达 10℃～20℃,随着温度变化,畦内湿度的变化也较大,一般白天最低空气相对湿度为 30%～40%,而夜间为80%～100%,最大相对湿度差异可达 40%～60%。

4. 畦内存在局部温差 阳畦内空间小,热容量少,晴天的白天太阳辐射能透入阳畦内,气温升高后,在土壤中贮热,夜间阳畦内的热量向外传导,土壤中贮存的热量向外释放出来,补充散失的热量。

一般上午和中午时刻中心部位上部温度较高,四周温度较低;下午距北框近的下方温度较高,南框和东西两侧温度较低。

(三)阳畦的建造

1. 阳畦的田间布局 选择背风向阳、土质条件适宜的地块。阳畦以育苗为主,要选择距栽培田较近的地方,并有方便的灌溉条件。

在阳畦数量少时,可以建在温室前面,这样既可利用温室防风,也便于与温室配合使用。在庭院建造阳畦可利用正房南窗外的空地。但是在阳畦面积大、数量多时,必须做好田间规划。通常的做法是:阳畦群自北向南成行排列,前排的阳畦风障与后排的阳畦风障间隔 6～7m,风障占地约宽 1m,阳畦占地约 2m,畦前留空地 1m 左右作为冬季晾晒草帘用地。阳畦群的四周要夹好围障,围障内有腰障,阳畦的方位以东西延长为好。

2. 阳畦的建造 入冬前建造阳畦。事前应做好位置规划。按预先设计阳畦大小画线。按阳畦上口宽 1.9m,北部留出 0.6m 夹障子。在阳畦内距北框 20cm,距南框 10cm,距东西框 15cm,重新画线,从线内取土做框。先把表土起一锹深堆放一边,取底土做框。先做北墙、后东西墙、再南墙。每垒一层土,都要用脚踩实,用平板铁锹削平畦顶,再将畦墙两侧削平滑。阳畦建好后,整平畦面,再把表土铺在畦面上。畦墙除垒踩建造外,也可用于打垄的方法,即用夹板立到筑畦墙的墙基处,填土夯实即可。

做完畦框,挡上木杆,覆盖薄膜,夜间盖草苫防寒保温,覆盖时根据当时的风向,西北风时从东端开始向西覆盖,东北风时从西端开始向东盖。草苫之间重叠 1/3,以增加覆盖厚度。

(四)阳畦的应用

阳畦主要用于蔬菜、花卉等农作物育苗,还可用作植株矮小的喜温果菜类春提早,秋延后栽培。在山东以南较温暖地区,还可用于耐寒作物的越冬栽培。

二、改良阳畦

改良阳畦是在阳畦的基础上加以改良而成。主要把畦框增高到 1m 左右,用中柱支撑桁檩,用高粱或玉米秸编成帘盖在檩上,建成土后屋面,前部的透明屋面斜立成为前屋面。

(一)改良阳畦的结构

改良阳畦是由土墙(后墙和山墙)、棚架(柱、檩、桁)、土屋顶、玻璃窗或塑料薄膜棚面、保温覆盖物等部分组成(图 1-5)。后墙高一般 0.9~1m,厚 40~50cm,中柱高 1.3~1.5m,山墙脊高与改良阳畦的中柱高度相同;土屋顶宽 1~1.2m,也有的不用屋顶,棚杆直接搭在后墙上,后墙加高。过去,多用玻璃作透明屋面,其斜立于棚顶的前檐下,与地面成 40°~45°角。目前,生产上多用塑料薄膜作透明覆盖物,呈半拱圆形。改良阳畦南北宽约 2.7~3m,每 3~4m 长为一间,每间设一立柱,立柱上加桁,桁尾担在后墙上,桁上铺两根檩(檐檩、二檩),檩上放秫秸,抹泥,然后再放土,前屋面晚上用草帘保温覆盖。畦长因地块和需要而定,一般为10~30m。

20 世纪 70 年代以前,生产中多为玻璃窗覆盖的改良阳畦,以后日趋减少,目前生产中主要是塑料薄膜改良阳畦,而且有些地区

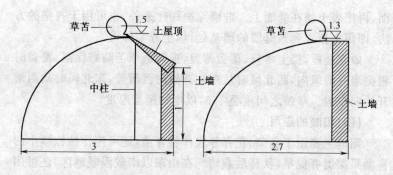

图 1-5　改良阳畦　（单位：米）

改良阳畦的结构也发生了改变。跨度增为 3m 左右，后墙高 1.3m 左右，0.5m 厚的土墙，不设后屋面，用竹竿或竹片作拱杆，前底角插入土中，后部担在后墙上，变成弧形。每 2～3m 设 1 根中柱，中柱支撑横梁。另外，还有 3 道竹竿拉梁。

（二）改良阳畦的性能

改良阳畦是在普通阳畦的基础上改良而成，与普通阳畦相比，其性能优越得多。其最大的优点是透明屋面覆盖角度较大，增加了透光率，减少了反射率（改良阳畦反光率为 13.5％左右，普通阳畦反光率为 56.12％），而且又有土墙、棚顶及草苫覆盖，保温能力比普通阳畦强了许多。改良阳畦空间较大，可进入畦内进行农事作业，栽培管理方便。此外，改良阳畦的土地利用率高，同样长度的栽培面积比阳畦增加了 60％。

（三）改良阳畦的建造

改良阳畦的田间布局与普通阳畦相同，但因其较高，所以改良阳畦群的间距较大，一般为棚顶高的 2～2.5 倍，低纬度地区可取棚顶高的 2 倍，高纬度地区取 2.5 倍。此外，后棚顶宽一般不能超过棚顶高，否则会加大畦内遮荫。玻璃窗或塑料薄膜棚面与地面交角一般小于 50°。

　　为了提高改良阳畦利用效率,最好秋季建造改良阳畦,于当季进行秋延后蔬菜栽培,次年春季利用同一套设施再继续进行春提早栽培。秋季建造改良阳畦的过程是,先种菜后建畦,当蔬菜生长到需要保护时,在菜畦三面建造土墙。因此,田间布局须事先计划出建造土墙用地与取土用地。

　　改良阳畦的山墙和后墙用土夯土墙或草泥垛墙而成,距后墙1m左右处,每隔3~4m,设一立柱支撑柁头,柁尾担在后墙上,柁上铺两道木杆作檩木,在檩木上铺放编织固定成帘的玉米秸或高粱秸,上面再抹草泥。立柱埋入地下的长度不应少于30cm,地上部高度一般为1.6m。作拱杆的竹片后段插入后屋面,前端到前缘入地。改良阳畦夜间一定要加盖草苫。

（四）改良阳畦的应用

　　改良阳畦空间大,保温能力强,其应用比普通阳畦更加广泛。改良阳畦主要用于耐寒蔬菜的越冬栽培,如韭菜、芹菜、油菜、生菜、茼蒿、茴香、芫荽等,也可用于温暖地区果菜类的春提早和秋延后栽培,还可用于蔬菜、花卉、部分果树的育苗。在华北南部,还可以栽培草莓。由于改良阳畦建造成本低、用途广、效益高,发展面积远远超过阳畦。

第三节　温　床

　　温床是在阳畦的基础上改进的保护地设施。最早的温床与玻璃窗扇阳畦(也叫冷床)的结构基本一致,所不同的是温床在床土下面加温。它除了具有阳畦的防寒保温作用外,还可以通过酿热加温及电热线加温等来提高地温,以补充日光增温的不足,冬季、早春都可应用,因此是一种简单实用的园艺作物育苗设施。

　　温床根据加温方式、方法的不同,分为酿热温床、电热温床和火道温床,目前生产上以前两者为主。

一、电热温床

电热温床是利用铺设在土壤中的电热线,将电能转化为热能,使床土加温,并具有自动调控温度的设备,用于寒冷季节育苗或作物栽培的简易设施。它具有升温快、温度平稳、调节灵敏等优点,不受时间、季节限制,可根据不同种类的作物、不同天气条件来调节床温。电热线和控温仪的配套使用,可自动调节温度。

(一)电热温床的结构

结构较完整的电热温床与冷床相似,具有床框、栽培畦、透明覆盖物、防寒覆盖物等,所不同的是栽培畦的结构(图1-6)。

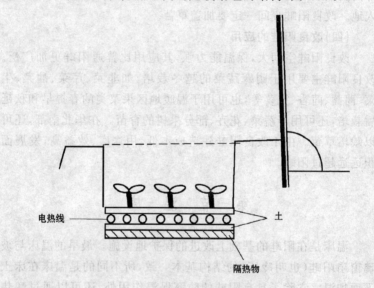

电热线

土

隔热物

图1-6 电热温床

1. 隔热层 铺在最底层的材料,用来防止热量向土壤深层传递,厚度5~10cm。一般用麦糠、碎稻草、炉渣、锯末等。

2. 电热线 电热线也叫电加温线,是由具有较大电阻有发热能力的合金金属丝,外包塑料绝缘层构成。电加温线是电热温床的主要部件,是由专门厂家生产的。目前,生产上经常使用的电热线主要有上海市农业机械研究所研制的 DV 系列电热线,营口市农业机械研究所实验厂生产的 DR 系列农用电热线等。

3. 床土 在电加温线上面可以铺上播种床土(10cm 左右)进行播种,也可以铺一薄层床土(3～5cm),上面直接摆放育苗穴盘、营养钵等育苗设施。

电热温床可以将电加温线直接铺设在阳畦内构成,也可以在大棚、温室内直接铺设电加温线,做成简易的电热温床进行育苗。还可以在大棚、温室内,把简易电热温床扣上小棚,外加防寒覆盖物,来提高增温保温效果。

(二)电热温床的性能

电热温床不仅使用电加温线加温,且增设控温仪设备,其性能较冷床优越。电热温床的土壤温度适宜,并可以自动控制温度,温床内温度均匀。在一定范围内,能够按育苗的需要设定电热线加温的温度,可以满足各类作物对土壤温度的不同要求。

(三)电热温床的设置

1. 电热温床所用的电热加温设备 电热温床所用的设备主要有:电加温线、控温仪、交流接触器等。

(1)电热线 电热线是由电热丝、塑料绝缘层、引出线和接头等组成的。电热丝是发热元件,塑料绝缘层起绝缘作用和导热作用。引出线为普通铜芯电线,基本不发热,接头是连接电热线和引出线的部位。电热线的型号见表(1-1)。

(2)控温仪 控温仪是用来自动控制电热线加热温度的仪器。温度的控制范围一般在 10℃～50℃(表 1-2)。使用时将感温探头插入苗床内具有代表性的部位,将温度设定在所需温度,控温仪能根据电热育苗温床内土壤温度的高低变化,自动控制电热线的电路接通或断开,使苗床内的温度保持恒定。使用控温仪时,应正确选择连接方法和接线方法(图 1-7)。

表 1-1 电热线的型号

型 号	用 途	功率(w)	长度(m)	备 注
DV20406	土壤加温	400	60	
DV20608	土壤加温	600	80	蓝色
DV20810	土壤加温	800	100	黄色
DV21012	土壤加温	1000	120	绿色
DP22530	土壤加温	250	30	
DP20810	土壤加温	800	100	
DP21012	土壤加温	1000	120	
DR20810	土壤加温	800	100	
F421022	空气加温	1000	22	
KDV	空气加温	1000	60	

表 1-2 控温仪的型号及参数

型 号	控温范围(℃)	负载电流(A)	负载功率(kW)	供电形式
BKW-5	10～50	5×2	2	单相
BKW	10～50	40×3	26	三相四线制
KWD	10～50	10	2	单相
WKQ-1	10～50	5×2	2	单相
WKQ-2	10～40	40×3	26	三相四线制
WK-1	0～50	5	1	单相
WK-2	0～50	5×2	2	单相

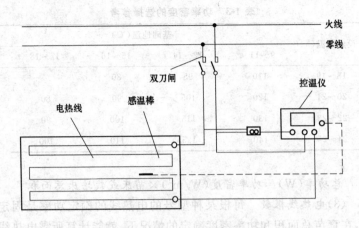

图 1-7 电热线的连接方式

(3)交流接触器 使用交流接触器主要作用是扩大控温仪的控温容量。一般当电热线的总功率小于 2 000W（电流为 10A 以上）时，应将电热线连接到交流接触器上，交流接触器与控温仪相连。

除了以上设备外，为了保证安全，必须有配电盒、电闸、漏电保护器等。

2. 电热线的布线方式与计算

(1)功率密度 单位面积的苗床或栽培床上需要铺设电热线的功率，称为功率密度。单位是 W/m²。功率密度大小的确定，应根据不同作物对温度的要求而设定的土温，还要考虑当地的气候条件，电热温床使用的季节，以及设施的保温能力等（表 1-3）。一般早春育苗时铺线的功率密度为 80～120W/m²，分苗床功率密度为 50～70W/m²。

(2)总功率 铺设电热温床所使用电热线的功率总和，就是电热温床的总功率。总功率可以用功率密度乘以面积来确定。

表 1-3　功率密度的选择参考

设定地温(℃)	基础地温(℃)			
	9～11	12～14	15～16	17～18
18～19	110	95	80	
20～21	120	105	90	80
22～23	130	115	100	90
24～25	140	125	110	100

总功率(W)＝功率密度(W/m²)×苗床或栽培床总面积

（3）电热线根数　每根某种型号的电热线的额定功率是固定的,在育苗总面积和功率密度确定的情况下,就能计算所需电热线根数。由于电热线不能接长或截短使用,计算所得数值应取整数。

所需电热线条数(根)＝总功率(W)÷额定功率(W/根)

（4）布线道数　为了使电热线两端电源线处于同一端,方便接电,布线道数应取偶数。

布线道数＝(电加温线总长－床宽×2)÷(床长－0.1m)

（5）布线间距　实际布线时,靠近畦边线距应小一些,畦的中间线距应大一些。布线间距平均在 10cm 左右,但最小不小于 3cm。

布线间距＝苗床宽度÷(布线道数±1)

3. 电热线的铺设方法　首先准备好 20～25cm 的固定桩,可选一次性筷子或木棍等类似材料。从距床边约 5cm 处钉第一桩,桩上部留 5cm 左右挂线,然后按计算好的线距排桩。为了使温度均匀,可以把边行电热线的线距适当缩小,床中部的线距适当加大,但平均线距保持不变。布线时应在靠近固定桩处的线稍用力向下压,边铺边拉紧,以防电热线脱出。最后对两边的固定桩的位置进行调整,以保证电热线两头的位置适当。布完线后,覆土约 2cm,踩实后将固定桩拔出。拔固定桩时,应用脚踩住固定桩两侧的地面,以防将电热线及隔热层等带出。

4. 电热线使用时的注意事项　①每根电热线的功率是额定的,使用时不能接长或剪短。②电热线只能用于床土加温,严禁整盘电热线在空气中通电试验检查或使用,以免烧坏绝缘层而漏电。③电热线使用时应拉直,不能交叉、打结、重叠。埋线时,必须把整根线(包括接头)埋入床土下。④每根电热线的使用电压是220V,多根电热线同时使用时,只能并联,不能串联。⑤苗床各项作业或使用完取出电热线时,一定要切断电源,确保人身安全。⑥电热线使用完后,从土中取出时,禁止硬拉硬拔或用铁锹挖掘,以免损伤绝缘层。⑦收回的电热线,应擦干净,卷成盘捆好,放在阴凉干燥处保存,防止鼠、虫等咬破绝缘层。控温仪及交流接触器也应存于通风干燥处。

(四)电热温床的应用

电热温床目前主要用于冬季和早春的蔬菜育苗。在高寒并有条件的地方,在温室栽培植株的两侧埋设电热线,必要时,通电加热地温,对保证生产也有一定的作用。

二、酿热温床

(一)酿热温床的结构

酿热温床是在阳畦的基础上,在床下铺设酿热物来提高床内的温度。温床的畦框结构和覆盖物与阳畦相同。温床的大小和深度要根据其用途而定,一般床长 10～15m,宽 1.5～2m,并且在床底部挖成龟背形状(图 1-8),以求温度均匀。酿热温床是利用酿热物发酵产生热量,对床土加温的苗床。

(二)酿热温床的酿热原理及温度调节

酿热温床是利用微生物分解有机物质时所产生的热量来加温的,这种被分解的有机物质称为酿热物。

通常酿热物中含有多种细菌、真菌、放线菌等微生物,其中能

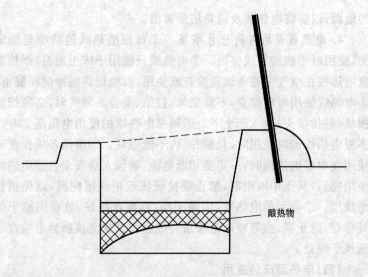

酿热物

图 1-8　酿热温床的结构

使有机物较快分解发热的是好气性细菌。酿热物发热的快慢、温度高低和持续时间的长短,主要取决于好气性细菌的繁殖活动情况。好气性细菌繁殖得越快,酿热物发热越快、温度越高、持续的时间越短;反之,则相反。而好气性细菌繁殖活动的快慢又和酿热物中的碳、氮、氧气及水分含量有密切关系,因此碳、氮、氧气及水分就成了影响酿热温床发热的重要因素。碳是微生物分解有机物质活动的能量来源,氮则是构成微生物体内蛋白质的营养物质,氧气是好气性微生物活动的必备条件,水分多少主要是对通气起调节作用。一般当酿热物中的碳氮比为 20～30∶1,含水量为 70%左右,并且通气适度和温度在 10℃ 以上时微生物繁殖活动较旺盛,发热迅速而持久。若碳氮比大于 30∶1,含水量过多或过少,通气不足或基础温度偏低时,则发热温度低,但持续时间长。若碳氮比小于 20∶1,通气偏多,则酿热物发热温度高,持续时间短。可以根据酿热原理,以碳氮比、含水量及通气量(松紧)来调节发热的高低和持续时间。

由于不同物质的碳氮比、含水量及通气性不同,可将酿热物分为高热酿热物(如新鲜马粪、新鲜厩肥、各种饼肥等)和低热酿热物(如牛粪、猪粪、稻草、麦秸、枯草及有机垃圾等)两类。在我国北方地区早春培育喜温蔬菜幼苗时,由于气温低,宜采用高热酿热物作酿热材料。对于低热酿热物,一般不宜单独使用,应根据情况与高热酿热物混用。

(三)酿热温床的性能

酿热温床是在阳畦的基础上进行人工酿热加温,因此与阳畦相比,酿热温床明显地改善了床内的温度条件。酿热物的发热量,与酿热物的厚度有直接的关系:厚度超过 60cm 时,由于酿热物下部氧气不足,影响到酿热物的发酵;厚度不足 10cm 时,几乎不能发热,只起到防寒作用。各种酿热物比例也影响其发热能力,在各种酿热物配合比例、数量、厚度适宜时,在华北地区 1 月份床温可以保持 15℃~20℃。在铺入 30~35cm 厚酿热物的苗床里,播种后的 20~30 天,床温可比阳畦高 4℃~5℃,最低温度在 10℃以上。酿热温床的床温除与内外温差、酿热物的温度及厚度有关外,还与床土的厚度与导热性有关,床土越厚,传递热量越小,床温也越低。另外,床土的导热性与土壤质地和含水量也有关,在一般情况下,砂土导热系数比黏土大,潮湿土比干土大。

(四)酿热温床的建造

普通的酿热温床就是把阳畦挖深以后,在底部铺上过水的柴草或作物秸秆,再掺加一定的大牲畜粪和人粪尿的混合物。这样的酿热温床由于铺放的酿热物厚度一致,从道理上讲,各处的发热量是一致的。但是,由于温床四周被冷土所包围,床内热量在与外界持续的交换中(还因温度低影响酿热物的发热),使四周的温度低于中间部位。又由于北框的反光主要集中在温床北侧 1/3 处,因此就使得此处的温度最高。为了使温度均匀,一般是把床底挖成"龟背"形;靠北侧 1/3 处最高,但也要能铺放一定厚度的酿热物;南侧最深,东西次之,北侧最浅。

我国北方建造酿热温床,多用马粪和稻草作酿热物。马粪除炭氮比适宜外,还具有透气性好、发热快、温度高的特点,与稻草搭配,可持续发热时间长,并且材料来源广泛。

床底挖好以后,在计划播种前 7~10 天,将铡碎的作物秸秆在水中浸泡后捞出,与新鲜的马粪按 3∶1 的比例混合,再加入一定量的人粪尿混匀,然后堆到床内盖上塑料薄膜,晚上加盖草苫,促使发酵,当温度升起来以后,将酿热物摊平到床底,继续发酵。当温度升到 50℃~60℃ 时,将酿热物踩实,减少氧气进入量控制发酵速度。当床温达到 40℃ 左右,铺 2~3cm 厚的土,撒一层防虫的药,再把预先配好的营养土铺上。洒水将床土湿润透(但不能使过多水渗流到酿热物中),等温度升起后播种。

(五)酿热温床的应用

酿热温床虽然发热容易,操作简便,但是发热时间短,热量有限,前期温度高,后期温度低,所以酿热温床适合春季应用。另外,大量使用酿热温床,酿热物也不容易满足。近年来,酿热温床已经明显减少,逐渐被电热温床代替。但是不通电地区或电力不足的地方,应用酿热温床还是有必要的。

第四节　塑料中棚和小棚

塑料中、小棚是指以塑料薄膜作为透明覆盖材料的拱形或其他形式的棚,其规格尺寸虽然难以严格界定,但一般说来,小棚高大多在 1~1.5m 左右,内部难以直立行走,中棚则就其覆盖面积和空间来说,介于小棚和大棚之间。

塑料中、小拱棚,尤其小拱棚在我国面积很大,约占保护设施面积的 40% 以上,其中小拱棚绝大部分以生产蔬菜为主,也有少部分生产花卉和育苗。由于这类设施易于建造、投资少、见效快、推广发展很快。

一、小拱棚

小拱棚为塑料小棚,是全国各地应用最普遍、面积最大的保护地设施。一般认为跨度 3m 以下,中高 1.3m 以下,有拱形骨架,四面无墙体,采用塑料薄膜覆盖的栽培设施为小拱棚。我国的小拱棚的骨架可就地取材,如细竹竿、毛竹片、荆条、直径 6～8mm 的钢筋等均能弯成弓形的材料作骨架。小拱棚多为临时性的简易设施,用时扣上,不用就拆除。小拱棚的结构简单,体型较小,负载轻,取材方便,但小拱棚空间小,人不能在棚内站立作业。

(一)小拱棚的类型和结构

小拱棚的高度一般为 1～1.5m,宽 1～3m,长 10～30m。依据其形状不同可分为三种类型(图 1-9)。

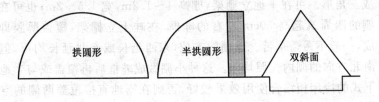

图 1-9　小拱棚棚架形状

1. 拱圆形小拱棚　拱圆形小拱棚是生产上应用最多的类型,棚架为半圆形,高度 1m 左右,宽 1.5～2.5m,长度依地而定。主要采用毛竹片、细竹竿、荆条或直径为 6～8mm 的钢筋或薄壁钢管等材料,弯成底宽 1～3m、高 1m 左右的弓形骨架,将两头插入地下形成圆拱,拱杆间距 30cm 左右,全部拱杆插完后,用竹竿或 8 号铁丝绑 3～4 道横拉杆,使骨架成为一个牢固的整体。在拱架上面扣上塑料棚膜,四周拉紧后将边缘用土埋好,棚膜上面再用压杆或压膜线将其固定,在棚较矮、防风又好的情况下,也可以不用压杆或压膜线。覆盖薄膜后可在棚顶中央留一条放风口,采用扒缝放风。这种小拱棚多用于多风、少雨、少雪的北方。拱圆形小拱棚以南北走向为主。为了加强防寒保温,棚的北面可加设风障,棚面上于夜间加盖草苫。

2. 半拱圆形小拱棚 棚架为拱圆形小棚的一半,北面为 1m 左右高的土墙或砖墙,南面为半拱圆形的棚面。棚的高度为1.1～1.3m,跨度为 2～2.5m,一般无立柱,跨度大时中间可设 1～2 排立柱,以支撑雨、雪及草苫所构成的负荷。放风口设在棚的南面腰部,采用扒缝放风,棚的方向以东西延长为好,有利于采光。由于这种小棚一侧直立,使棚内的空间增大,利于作物生长。

3. 双斜面小拱棚 棚形是三角形或屋脊形,适用于多雨地区。中间设一排立柱,柱顶上拉一道 8 号铁丝,两侧用竹竿斜立绑成三角形。可在平地立棚架,棚高 1～1.2m,宽 1.5～2m;也可在棚的四周筑起高 30cm 左右的畦框,在畦上立棚架,覆盖薄膜即成,一般不覆盖草苫。建棚的方位,东西延长或南北延长均可,但南北方向的棚内光照均匀。这种小棚做成畦框后再覆盖或与半地下式的冷床相结合使用效果较好,否则在露地直接覆盖两侧的空间过小,不利于栽培作物,有效利用面积较小。

小拱棚的建造由于主要考虑就地取材,经济实用,因此在形状、大小等方面,不同地区差异较大,没有统一的规格要求。但无论哪种形式,都要做到坚固、抗风,并保持有一定空间和面积,利于作物生长。

(二)小拱棚的性能

1. 温 度

(1)小拱棚内的增温效果 小拱棚内的热源为太阳辐射,所以棚内的气温也随外界气温的变化而改变,并受薄膜特性、拱棚类型以及是否有外覆盖的影响。在一般情况下,早春小拱棚的增温能力只有 3℃～6℃。但外界气温升高,光照充足时,棚内增温显著,最大增温能力可达 15℃～20℃,此时容易造成高温危害。在阴天夜间没有光照或外界低温时,棚内最低温度仅比露地提高 1℃～3℃,遇寒潮极易产生霜冻。由于小拱棚的空间小,缓冲力弱,在没有外覆盖的条件下,温度变化较大棚剧烈,温度忽高忽低,必须注意加强对棚温的管理,冷时要保温防寒,热时要及时放风。冬春用于育苗或栽培生产的小棚,要加盖草苫等防寒覆盖物来保温。加盖草苫的小拱棚,棚温可以比不加盖草苫提高 2℃以上,比露地气温提高 4℃～8℃。

在华北地区,冬季小拱棚加盖草苫比日光温室的温度低 1.2℃～6.9℃,一般差 3℃左右。随着外界气温的降低,冬季为了防止极端低温造成棚内霜冻,应注意天气变化,在严寒出现前加强防寒保温,防止霜冻危害。在外界温度低于 10℃时,不宜生产。

秋季利用小拱棚进行秋延后栽培,入秋时棚温适宜蔬菜生长,当棚温降至 15℃以下时,需加盖草苫保温防寒。栽培耐寒性绿叶蔬菜,可以根据生长情况于棚温降至 0℃～5℃时加盖草苫。

(2)小拱棚内温度的日变化　小拱棚内温度日变化随外界气温变化而变化。每天当太阳光照射到棚面上时,棚内开始升温,10时以后温度急剧上升,到中午 13 时达到最高点,午后到太阳降落前棚温下降最快。夜间降温比露地慢。由于小拱棚的空间小,缓冲力弱,棚温变化较大。晴天时增温效果显著,升温速度比大棚快,阴雪天的效果较差。在一般情况下,小拱棚的昼夜温差可达 20℃左右,小拱棚在密闭的情况下,棚温可达 40℃以上。因此,在天气晴朗、光照充足的条件下,小拱棚比大棚更容易发生高温危害,生产中必须注意。

小拱棚内不同位置的温度,在揭开草苫以前,温度基本上均匀一致,但由于土壤热量向空气中辐射,所以棚顶温度高,近地面温度低。揭开草苫以后,在阳光照射的棚内对应点成为温度较高的部位。中午前后,近地面温度高,土壤开始蓄热,空气中下层温度高于上层。入夜,小拱棚内温度趋于稳定,但在前半夜仍是地面温度高于棚顶。

植株长高以后,由于植株的阻碍,棚内各部位之间对流作用小,各部位温度差异减小。

(3)小拱棚内的土壤温度 棚内的土壤温度也随棚内气温的变化而变化,同时还受季节、天气变化的影响,但变化幅度远不及气温的变化幅度,平稳得多。一般棚内的地温比露地高 5℃~6℃,白天 13 时地温最高,翌日凌晨最低。小拱棚内地温也有局部差异,一般中央部位的土壤增温效果较好,四周的增温效果不太明显。小拱棚内土壤温度的变化幅度,晴天的变化大于阴雨雪天,土壤表层大于深层。如秋季晴天 5cm 深土层日温差为 6℃,20cm 土层为 3℃;阴天时这两个土层温度日变化温差则分别为 3.6℃和 1.5℃。

2. 湿度 薄膜的气密性强,在密闭的情况下,棚内与棚外隔绝,由于土壤蒸发和植物蒸腾,造成棚内高湿。一般棚内相对湿度可达 70%~100%,白天通风时湿度可保持在 40%~60%。平均比露地高 20%左右。棚内相对湿度的变化与棚温有关,当棚内气温升高时棚内湿度降低,小拱棚内温度低,则相对湿度增高。白天湿度低,夜间湿度高。晴天时湿度低,阴天湿度高。湿度大,有利于植物病害的发生。因此,在管理上应注意设法降低小拱棚内的空气相对湿度,如加强通风、采用膜下灌水等管理手段,来保持适宜作物生长而不利于病害发生的湿度。

3. 光照 小拱棚的光照强度明显低于外界。小拱棚内的光照主要与薄膜类型、被污染情况和老化程度以及塑料薄膜面上吸附的水滴的情况有关。此外,小拱棚内的光照还与棚型结构、方位有关,不同部位的光照分布不均匀,小拱棚南北的透光率差约为

7%左右。小拱棚内如果光照强度减弱,不仅影响作物的光合强度,也影响小拱棚内的气温和土壤温度的升高。为了增加小拱棚内的光照,应选择透光性强的无滴膜,并要保持膜表面清洁。

(三)小拱棚的建造

小拱棚建造的适宜时间应由小拱棚的用途而定。春提早栽培的小拱棚主要是拱圆类型,可在定植前或播种前7~10天建造好。如果是单斜面小拱棚或改良阳畦作春提早栽培,则应在年前11月中旬前完成墙体建造。否则,越冬时墙体没有干透,冬春气温变化,墙体水分冻融交替,容易坍塌,冬前筑好墙体的可于春季播种或定植前10余天盖膜烤畦。

作秋延后栽培的小拱棚,一般的说可先定植后建棚。建棚具体时间应根据所栽培的作物而定。如果种植喜温性的茄果类、豆类等蔬菜,应于9月底建棚,最迟不得晚于10月上旬。对于一些耐寒性蔬菜或半耐寒蔬菜,小拱棚建棚时间可适当推迟到10月底或11月上旬。具体建造方法以拱圆形小棚为例介绍如下。

1. 选择棚址　小拱棚应选择建在地势平坦、背风向阳,在东、西、南三面没有高大的建筑物或树木,以保证建棚后有充足的光照。不能建在窝风、低洼处,否则不利于通风排湿;也不能建在风口处,否则易受风害。对于土壤的选择,以疏松肥沃、富含有机质的壤土或砂壤土为好,这样的土壤热容量低,土壤升温快。同时应注意选择地下水位较低、排水良好的地块。若地下水位高,早春地温回升慢,影响作物生长,不利于早熟栽培。

2. 选择方位　在确定好棚址的前提下,往往根据将要扣棚地块的垄或畦的方向来确定小拱棚的延长方向,与垄或畦的方向保持一致即可,小拱棚的方位要求不像大棚、温室那样严格。

3. 计算材料用量　根据将要建造小拱棚的面积、拱间距、跨度、拱高等参数,画出草图,计算出骨架材料的规格、用量及棚膜的用量、尺寸。

4. 准备骨架材料　提前准备好建棚用的杆、竹等材料。要求拱架材料长短、粗细一致，并应提前去皮、去枝杈，削成圆杆、截好杆头，使能接触到棚膜的部位达到光滑，不至于造成对棚膜的损伤。并根据前面的计算结果，确定好拱架、支柱、压杆的长度，准备好充足的铁丝。

5. 架设小棚骨架　根据前面画好的草图，用尺测量好长度和宽度，拱间距及棚间距，在地上画好施工线，然后将拱杆两端按施工线所在的位置，插入或埋入地下，拱架两端入土深度不宜少于20cm。拱的大小和高度要一致。支好拱架后，根据实际情况设置1～2排立柱，并用铁丝将其固定好。最后将有铁丝、接头等易对棚膜造成损坏的地方，用布片、草绳等包好。

6. 扣棚膜　选温暖无风天的上午扣棚。扣棚时，棚膜要抻平拉直，将四边埋入土中。盖膜后用建大棚的压膜线或用麻绳作压膜线，压好棚膜，防止大风把塑料薄膜刮走。在棚的两侧吊角埋小木桩，压膜线拴到木桩上即可。

(四) 小拱棚的应用

小拱棚建造容易，成本较低，加盖草苫后，增温的效果并不比大棚差，常用于园艺作物的育苗、提早定植或植株矮小的作物栽培。

1. 早春育苗　在高寒地区，露地栽培的蔬菜、花卉，可以用温室播种育成籽苗，用小拱棚作移苗床，进行早春育苗，使用时需加盖草苫，这种方式炼苗充分，露地定植后抗逆性强，缓苗快，发棵早，效果好。在较温暖的地区，可以直接用来播种育苗。也可以利用小拱棚进行果树、花卉的扦插育苗。

2. 遮荫育苗　夏季培育蔬菜、花卉苗，覆盖遮阳网或无纺布，防强光、高温、暴雨，可培育出适龄壮苗。

3. 春提早、秋延后或耐寒蔬菜越冬栽培　小拱棚主要用于蔬菜或低秆作物的生产，由于小拱棚体积小，便于覆盖草苫防寒，早春可以更早地提前栽培作物,晚秋可以延长延迟栽培时间。此外,耐寒的蔬菜可以利用小棚进行越冬生产。

4. 露地作物提早定植　在露地扣小拱棚后,不加防寒覆盖物,可以使作物提早定植 10～15 天,待露地温度适宜后,可以将小拱棚去掉,达到露地提早定植、提前收获的目的。主要栽培作物包括:甘蓝、花椰菜、芹菜、番茄、青椒、茄子、甜瓜、西瓜、西葫芦、草莓等。

5. 多层覆盖　在温室、塑料大棚中可以再扣小棚,一般用竹片做拱架,夜间覆盖,白天打开,可以减少散热,增强保温能力。在早春大棚栽培中,增加一层小拱棚可以提前 15～20 天定植。

6. 防虫栽培　对一些叶菜类蔬菜的栽培,在小拱棚拱架上覆盖尼龙或锦纶纱网,不用喷药防治害虫,可栽培无公害叶菜类蔬菜,减少喷药工作量,省掉药费。

7. 保护越冬　在北方地区,黄杨、金叶女贞等越冬灌木在栽植后最初几年需要扣小拱棚进行保护越冬,以便安全度过严寒的冬季。

二、中　棚

中拱棚面积和空间比小拱棚大,一般认为跨度 3～6m,高度 1.3～1.8m,有拱形骨架,四面无墙体,采用塑料薄膜覆盖的栽培设施。在跨度为 6m 时,以高度 1.7～1.8、肩高1.1～1.5m 为宜;在跨度为 4.5m 时,以高度 1.5～1.6m,肩高 1m 为宜;在跨度为 3m 时,以高度 1.3m,肩高 0.8m 为宜;长度可根据需要或地块长度而确定。另外,根据中棚跨度大小和拱架材料的强度,来确定是否设立柱。用竹木或钢筋做骨架时,需设立柱;而用钢管作拱杆时,则不需设立柱。塑料中棚一般不设通路、棚门和水道,与塑料小拱棚相比,空间大,管理人员便于在棚内进行农事作业。

中棚由于跨度较小,高度也不很高,可以加盖防寒覆盖物,提高其防寒保温能力。覆盖草苫的塑料中棚,称为暖式中棚,可进行耐寒叶菜类蔬菜越冬栽培。否则,只能进行春提早、秋延后栽培。此外,在夏季,塑料中棚可作为遮荫育苗或防雨栽培。

(一)中棚的结构

塑料中棚目前主要有拱形中棚和连墙中棚。

1. 拱形中棚 其横断面为一半拱圆形状,支撑圆拱的立柱,跨度小一点的为单立柱,一般居中支撑。棚跨度大些的分左右两排立柱,立柱间用拉杆连接。根据拱架的材料不同,塑料中棚可分为竹木结构、钢管结构、钢筋结构和钢竹混合结构等。

(1)竹木结构中棚 以木杆、竹竿或竹片为拱杆材料,长度不够时,可用铁丝进行绑接。根据其跨度大小,可分为单排立柱中棚与双排立柱中棚。

①单排立柱中棚:用竹竿作拱杆,拱杆间距 1m,在中部每隔 2~3m 设一根中柱,顶部有支撑梁。

②多排立柱中棚:用竹片作拱杆,设多排立柱支撑拱杆(图 1-10)。

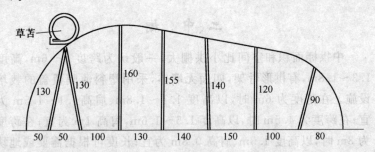

草苫

| 160 | 155 | 140 | 120 | 90 |
130 | 130 |
50 | 50 | 100 | 130 | 140 | 150 | 100 | 80

图 1-10 无墙体中棚 (单位:cm)

(2)钢管骨架中棚 用直径 2cm 镀锌钢管作拱杆,间距 1m。拱杆由 3 道 φ12mm 钢筋作拉杆,连成一整体,中间无立柱。钢管骨架中棚机械强度高,使用寿命长,但造价高。

(3)钢竹混合结构中棚 在钢管中棚的基础上,减少钢管,用竹片或竹竿代替。每3m设一钢管拱杆,中间设两根竹拱杆,其强度比竹木结构强,类似钢管结构,与钢管骨架相比造价低。

(4)钢筋有柱中棚 用φ12mm钢筋作拱杆,间距1m。在拱杆的中部向下焊上6cm长的直径2cm的钢管,穿入φ16mm钢筋做立柱。

(5)ZGP型装配式镀锌钢管中棚 由上海市农业机械研究所研制,中棚有跨度4m和6m两种类型,面积有40m² 和80m²两种。近年也有一些其他的管架装配式中棚,如GP-Y6-1和GP-Y4-1型塑料中棚等。

2. 连墙中棚 连墙中棚一般呈东西延长,北面一面,或北、东、西三面有固定或临时的墙体。连墙中棚又分为固定墙和临时墙(图1-11)两种。固定墙是指墙体用土或砖砌筑而成;临时墙则是在进入冬季时,在棚的北部或北、东、西三部分,用作物秸秆围护起来,其中后墙要放草苫。

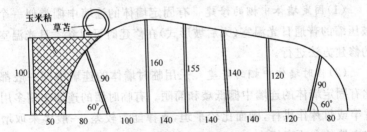

图1-11 临时墙体中棚 (单位:cm)

(二)塑料中棚的性能

塑料中棚的性能与小拱棚的基本相同,区别在于塑料中棚空间较大,缓冲能力较强。

(三)塑料中棚的建造

1. 拱形中棚的建造 塑料中棚不论冬前或年后使用的,都须在上一年秋末到上冻前完成基础和骨架的安装。

(1)选址 应选择避风、前面无高大树木和建筑物遮荫、地势平坦、土质良好、水源充足和交通便利的地块。

(2)方位和布局 一般采取南北方向延长,以减轻风害。棚间距东西不少于 2m,南北不少于 5～6m。

(3)骨架安装 采用钢管或钢筋骨架的,按技术要求做基础和支架骨架。

竹木结构的,先按要求栽 5～10cm 的竹木立柱。立柱顶端要做孔,以穿铁丝固定拱架。再次是绑南北向的拉杆,各拉杆之间连接时重叠 0.3～0.5m。最后架拱架,两头埋入地下 30～50cm。

(4)扣膜和压膜 秋末使用时要在适当时候覆盖薄膜,早春使用的棚一般最少需要提前 15～20 天扣膜烤地提温。

2. 连墙中棚的建造

(1)固定墙体中棚的修建 有固定墙体的连墙中棚类似一个被压缩的普通日光温室(无后坡形式)在修建时可以参考日光温室的修建方法进行。

(2)临时墙体中棚的修建 采用临时墙体的连墙中棚一般都比有固定墙体的连墙中棚低矮和简陋。有临时墙的连墙中棚多用竹竿或竹片作拱杆,棚面比较平坦,支撑能力较差,一般多采取增加立柱的办法来解决。

(四)中棚的应用

中棚由于高度和跨度都比大棚小,可加盖防寒覆盖物,这样就可以使其保温能力优于大棚。可用于喜温作物春提早和秋延后栽培,夏季遮荫育苗。连墙中棚保温性更好,可用于耐寒叶菜的越冬生产,也可用于冬春两茬果菜或耐寒叶菜接果菜的生产。

复习思考题

1. 用于育苗的简易设施有哪些种类？其构造有哪些特点？
2. 地膜覆盖有哪些形式？对作物和环境有何影响？
3. 塑料薄膜中小棚在生产上有哪些应用？

第二章　塑料大棚

塑料大棚在我国北方地区,主要起到春提早、秋延后的保温栽培作用,一般春季可提前 30~35 天,秋季延后 20~25 天,但很难进行越冬栽培;在我国南方地区,塑料大棚除了冬春季节用于蔬菜、花卉的保温和越冬栽培外,还可更换遮阳网用于夏秋季节的遮荫降温和防雨、防风、防雹等的设施栽培。我国地域辽阔,气候复杂,利用塑料大棚进行蔬菜、花卉等的设施栽培,对缓解蔬菜淡季的供求矛盾起到了特殊的重要作用,具有显著的社会效益和经济效益。

据统计,截至 2007 年,全国塑料大棚面积已达到 46.5 万 hm²,跃居世界第一。与此同时,在栽培技术上,也有了较大的提高与发展,形成了适合不同地区各主要蔬菜种类的配套栽培技术规程。

第一节　塑料大棚的类型与结构

一、塑料大棚的主要类型

(一)主要塑料大棚的分类

由于我国地域广阔,气候环境复杂,各地的塑料大棚类型各式各样,分类形式也有多种,其中主要以按骨架材料分类为主。

1. 按棚顶形式分类　塑料大棚按棚顶形式可分为拱圆形塑料大棚和屋脊形塑料大棚两种(图 2-1)。拱圆形塑料大棚对建造材料要求较低,具有较强的抗风和承载能力;屋脊形塑料大棚则相反,对材料要求较高,但其内部环境比较容易控制。

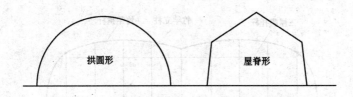

拱圆形　　　　　　　　屋脊形

图 2-1　拱圆形塑料大棚和屋脊形塑料大棚

2. 按覆盖形式分类　塑料大棚按覆盖形式可分为单栋大棚和连栋大棚两种。

单栋塑料大棚是以竹木、钢材、混凝土构件及薄壁钢管等材料焊接组装而成,棚向以南北延长者居多,其特点是采光性好,但保温性较差。

连栋大棚是用 2 栋或 2 栋以上单栋大棚连接而成(图 2-2),目前随着规模化、产业化经营的发展,有些地区将原有的单栋大棚向连栋大棚发展。河北省青县等地的农民把 2 栋或几栋竹木大棚连在一起,采用两层膜覆盖;南方一些地区,把几个单体棚和天沟连在一起,建成钢管连栋大棚,并把整体架高,其主体采用热镀锌型钢做主体承重力结构,能抵抗 8~10 级大风,屋面用钢管组合桁架或独立钢管件。在连栋大棚中能够自动调控环境的又称为连栋温室,具体结构详见第三章有关部分。连栋塑料大棚质量轻、结构构件遮光率小,土地利用率达 90% 以上,适合种植经济效益好的高档瓜果蔬菜和花卉。优点是棚体大,保温性能好。缺点是通风性能较差,棚内容易出现高温高湿的现象,容易发生病虫害,两栋的连接处易漏水。

3. 按棚架材料分类　塑料大棚按棚架材料可分为竹木结构塑料大棚、简易钢管塑料大棚、装配式镀锌钢管塑料大棚、无柱钢架塑料大棚、有柱式塑料大棚等。种类非常多,从目前塑料大棚的结构和建造材料使用最多、应用较多和比较实用的方面来看,主要

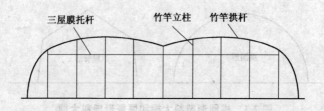

图 2-2　青县竹木连栋塑料大棚

有下列几种类型。

(1)简易竹木结构塑料大棚　竹木结构的塑料大棚,是我国最早出现的塑料大棚,其具体形式各地区不尽相同,但其主要参数和棚形基本一致,大同小异,有些有棚肩,有些没有棚肩。大棚的跨度一般 10~12m,长度 50~60m,肩高 1~1.5m,脊高 1.8~2.5m(图 2-3)。

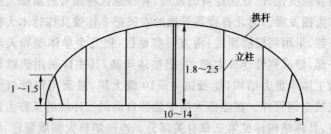

图 2-3　竹木结构大棚　(单位:m)

建造时也很简单,按棚宽(跨度)方向每 2m 设一立柱,立柱粗 6~8cm,顶端整体形成拱形,地下埋深 50 厘米,垫砖或绑横木,夯实,将竹片固定在立柱顶端成拱形,两端加横木埋入地下并夯实。拱架间距 1m,并用纵拉杆连接,形成整体;拱架上覆盖薄膜,拉紧后膜的端头埋在四周的土里,拱架间用压膜线或 8 号铁丝、竹竿等压紧薄膜即可。

这种结构的优点是取材方便,各地可根据当地实际情况,竹子或木头都可;造价较低,建造时较为容易。这种结构的缺点是由于整个结构承重较大,棚内起支撑作用的立柱过多,使整个大棚内遮光率高,光环境较差;由于整个棚内空间不大,作业不方便,不利于农业机械的自动化操作;材料使用寿命短,抗风雪荷载性能差。

(2)悬梁吊柱竹木拱架塑料大棚　悬梁吊柱竹木拱架塑料大棚(图 2-4)是在简易竹木结构塑料大棚的基础上改造而来的,立柱由原来的1～1.1m 一排改为3～3.3m 一排,横向每排4～6根。用木杆或竹竿作纵向拉梁把立柱连接成一个整体,在拉梁上每个拱架下设立一个小立柱,下端固定在拉梁上,上端制成骨架,统称"吊柱"。悬梁吊柱大棚的优点是减少了部分支柱,大大改善了棚内的光环境且仍具有较强的抗风载雪能力,造价较低。

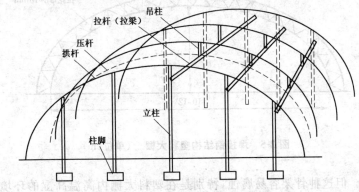

图 2-4　悬梁吊柱竹木拱架大棚

上述两种形式都属于竹木结构塑料大棚,是我国最早出现的大棚结构,后者属于前者的改良结构,虽然竹木结构塑料大棚存在较多的缺点,但由于其造价便宜,容易被农民所接受,因此在农村竹木结构大棚使用还是最多的。

(3)焊接钢结构塑料大棚　焊接钢结构塑料大棚是利用钢结构代替木结构,拱架是用钢筋、钢管或两种结合焊接而成的平面桁架,上弦用 ϕ12~16mm 钢筋或 ϕ25mm 钢管,下弦用 ϕ12~14mm 钢筋,拉花用 ϕ8~10mm 钢筋。跨度 10~12m,脊高 2.5~2.7m,长 30~60m,拱间距 1~1.2m。纵向各拱架间用拉杆或斜交式拉杆连接固定形成整体。拱架上覆盖薄膜,拉紧后用压膜线或 8 号铁丝压膜,两端固定在地锚上(图 2-5)。这种结构的塑料大棚比起竹木结构的塑料大棚,承重力有所增加,骨架坚固,无中柱,棚内空间大,透光性好,作业方便,是较好的设施。

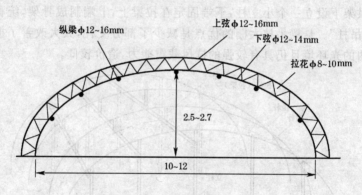

纵梁 ϕ12~16mm　　上弦 ϕ12~16mm　　下弦 ϕ12~14mm　　拉花 ϕ8~10mm

2.5~2.7

10~12

图 2-5　焊接钢结构塑料大棚 （单位:m）

但这种骨架容易腐蚀,特别是在塑料大棚内高温高湿的环境内,因此需要涂刷油漆防锈,1~2 年需涂刷一次,比较麻烦,如果维护得好,使用寿命可达 6~7 年。另外,焊接钢结构有些结构需要在现场焊接,对建造技术的要求较高。

(4)钢筋混凝土骨架塑料大棚　钢筋混凝土骨架塑料大棚是为了克服钢筋大棚耐腐蚀性差、造价高的缺点而开发出来的。其跨度一般在 6~8m,长度 30~60m,脊高 2~2.5m(图 2-6)。这种骨架一般在工厂生产,现场安装,这样构件的质量比较稳定。但由于细长杆件容易破损,在运输和安装过程中骨架的损坏率较高,在距离混凝土构件厂较远的地区也采用现场预制,但现场预制的质量不容易保证。

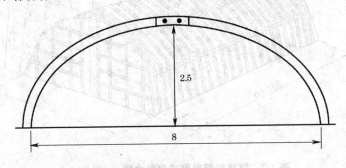

图 2-6　钢筋混凝土结构塑料大棚　(单位:m)

(5)镀锌钢管装配式塑料大棚　镀锌钢管装配结构的塑料大棚是近几年发展较快的塑料大棚的结构形式,这种材料的塑料大棚继承了钢架结构和钢筋混凝土结构塑料大棚的优点,棚内空间大(图 2-7),棚结构也不易腐蚀,所有结构都是现场安装,施工方便。其拱杆、纵向拉杆、端头立柱均为薄壁钢管,并用专用卡具连接形成整体,所有杆件和卡具均采用热镀锌防锈处理(图 2-8),是工厂化生产的工业产品。

镀锌钢管装配结构大棚跨度 4～12m,肩高 1～1.8m,脊高 2.5～3.5m,长度 30～60m,拱架间距 0.5～1m,纵向用纵拉杆(管)连接固定成整体。可用卷膜机卷膜通风、保温幕保温、遮阳幕遮阳和降温。这种大棚为组装式结构,建造方便,并可拆卸迁移,棚内空间大、遮光少、作业方便,有利于作物生长,构件抗腐蚀、整体强度高、承受风雪能力强,使用寿命可达 15 年以上,是目前最先进的大棚结构形式。装配式镀锌薄壁钢管大棚是工厂化生产的工业产品,已形成标准、规范的 20 多种系列类型。

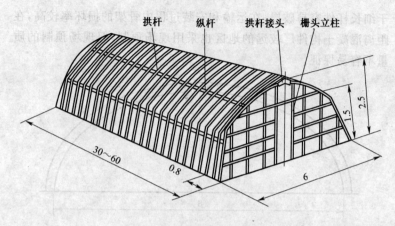

图 2-7　镀锌钢管装配式塑料大棚　（单位:m）

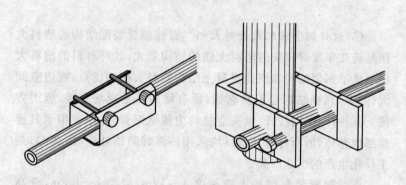

图 2-8　薄壁镀锌钢管专用卡具

①GP622 标准大棚:以 φ22mm、厚 1.2mm 的镀锌薄壁钢管为骨架材料的装配式塑料大棚,棚宽 6m,顶高 2.2～2.5m,肩高 1.2m,土地利用率 80％,使用寿命一般为 15～20 年。广泛分布在城市近郊和农村,主要种植各种矮秆蔬菜、花卉。缺点是通风效果不好,高温季节棚内温度太高,抗风载、雪载能力有限(只能抵御厚

5cm 的积雪）。

②GP728/GP732 型提高型塑料大棚：此大棚是针对 GP622 型标准大棚存在的缺点,增加了棚体的高度、宽度,提高了风窗的高度、宽度,从而改善了高温季节的通风状况并增强了抗风、雪荷载的能力。采用 ϕ28mm 或 ϕ32mm 钢筋、厚 1.5mm 的镀锌管,顶高 3.2～3.5m,肩高 1.8m,土地利用率为 85%。其结构牢固,装拆方便,使用寿命长,冬季密封性能好,抗风雪能力强,棚体空间大,不仅适宜矮秆蔬菜,还适用种植高大花木果树。

（二）具有地方特色的塑料大棚

除上述常见的塑料大棚以外,各地还有许多具有地方特色的塑料大棚,下面简要介绍有代表性的几种。

1. 秫秸架式结构塑料大棚　秦皇岛市昌黎县的农民于 20 世纪 80 年代末期创建了一种简易的塑料大棚,用材简单,建造容易,投资少,见效快,深受农民的欢迎。有关研究人员经过 3 年的调查研究进一步完善该形式大棚的结构,使之更加合理,并将此大棚命名为秫秸架式结构塑料大棚。

秫秸架式结构塑料大棚的建造要点是每畦插 2 行秫秸,行距 40cm,每行内相邻两根间距 40cm,每畦每行插 12 根。每畦内两行相邻近的 4 根秫秸用稻草捆绑成一个四脚架,每畦捆成 6 座架,捆绑的高度由棚外侧向里侧依次为 120cm、60cm、180cm、190cm、195cm、200cm,相对称的另一半相同。要使东西两畦相对称,12 座四脚架捆绑点处在一个拱圆横断面。

经过科研人员的观察、验证,秫秸大棚牢固性优于竹木结构大棚,其抗风、雪能力完全能达到生产要求,没有出现拔起、压塌等现象。秫秸大棚内虽然秸秆很多,但对于搭架蔬菜是不可缺少的,适合栽培黄瓜、番茄、架豆等搭架蔬菜,省去了搭架工序。用材简单,秫秸大棚骨架主要建材是高粱秆,高粱秆在广大农村来源充足。秫秸架式结构大棚将多柱式棚架结构和搭架栽培有机地结合起来,作为大棚的一种形式有独特的优越性,适合我国国情。

2. 钢竹混合结构塑料大棚 钢竹混合结构大棚以毛竹为主、钢材为辅。其建造特点是将毛竹经特殊的蒸煮烘烤、脱水、防腐、防蛀等一系列工艺精制处理后,使之坚韧度等性能达到与钢质相当的程度,作为大棚框架主体架构材料;对大棚内部的接合点、弯曲处则采用全钢片和钢钉连接铆合,由此将钢材的牢固、坚韧与竹质的柔韧、价廉等优点互补结合。

经过实地应用证明,此种大棚设计可靠,抗风载、抗雪载、采光率及保温等性能均可与全钢架、塑钢架大棚相媲美,具有承重力强、牢固和使用寿命长(8～10年)的优点。由于竹片(板)代替大部分钢管成为大棚主体构筑材料,提高了肩高,扩展了大棚空间,两侧土地能够被充分利用,且便于小型除草机、喷灌机在棚内操作;同时,还可明显降低大棚的成本,符合发展高效节本农业的要求。

3. 分段压撑式塑料大棚 分段压撑式塑料大棚是根据力学原理设计的,特点是跨度大,面积大,宽度可达 10～15m,长度可达 200～300m;大棚以全日光设计,无墙体,材料普通,外形壮观整齐,抗风能力强,结构牢固不变形;棚内通风好,无遮阳,采光好,升温快,内无立柱,便于操作和机械化作业。分段压撑式大棚适宜于生长蔬菜、花卉等种植业,克服了大量的钢材、镀锌钢管等昂贵的造价及传统的竹木拱杆规模小的格局。

4. 装配式涂塑钢管塑料大棚 针对镀锌钢管装配式塑料大棚的造价昂贵,钢筋焊接结构、钢筋混凝土结构及无碱玻纤钢筋混凝土结构等在运输、安装及日常维护、使用等方面的缺陷,采用化学性质稳定,耐田间水气及农药、化肥等化学品腐蚀的优质塑料涂层,设计了装配式涂塑钢管塑料大棚。涂塑棚的结构尺寸为:跨度 6m、8m,脊高分别为 2.8m、3m,肩高 1.2m,管径分别为 32mm 和 36mm,涂塑层厚 2mm,抗风压 31kg/m²,抗雪载 20～24kg/m²。

涂塑钢管大棚为单拱卡接装配式结构,顶部插管,铆钉对接,拱架与纵向拉杆卡接,两侧可安装卡槽。与装配式热镀锌钢管骨架相比,具有连接牢固,通风良好,操作空间适宜,强度相当,价格低廉和耐腐蚀的特点,可替代竹木结构进行瓜果、蔬菜生产。

5. 塑料双覆盖大棚　为提高棚内温度,塑料大棚多采用棚内套小棚、小棚加草帘再铺地膜的多重覆盖方法,但是棚内操作比较繁琐。近年来,"塑料双覆盖大棚"在我国各地悄然兴起。河北省青县有大面积的塑料双覆盖大棚。做法是在主体骨架下方再加一层杆材,支撑覆盖在主棚膜下的第二层薄膜。

塑料双大棚是在普通塑料大棚内,紧贴着棚架再搭一座简易的,由竹木和铁丝构成的棚架,棚架上再覆盖一层塑料薄膜。这样,"外大棚"和"内大棚"重叠,内外两层塑料薄膜覆盖,可显著提高大棚的保温性。据测定,双大棚结构冬季可比普通大棚提高温度3℃~8℃。这种双大棚结构不但提高了保温性,而且方便了棚内的操作。

6. 加苫大棚　加苫大棚的走向多为东西方向,长度一般70~100m,跨度5.8m,脊高2.3m,棚间距2.5m。拱杆用钢筋片架和竹竿,片架上弦长9m,下弦长8.5m,上下弦距10cm,钢筋片架间距3.3m,每架钢筋片架的两端各有一块砖作为垫石,钢架上下弦形成的平面应与地平垂直。竹竿为二级竹,按3.3m间距均匀摆放8根竹竿。竹竿拱杆的成型按钢架形状,硬弯处用火烤造型。无立柱。拉杆用8号铅丝,共11道。拉杆均在骨架的外侧,用细铁丝与拱杆固定。在棚的东西两端有立柱支撑,棚外有地锚固定。棚膜采用聚乙烯薄膜三块,自南向北薄膜的幅宽依次为1.3m、5m和2.5m。棚膜外用压膜线固定,压膜线间距1.1m,南北两端有地锚固定。盖稻草苫,草苫1.2m宽、9m长。北侧盖双层草苫,其他部位盖单层。加苫大棚比普通大棚保温性好,使用时期长,如在河北丰南10月下旬加苫,翌年5月下旬撤苫,可周年使用。

二、塑料大棚的组成部分

塑料薄膜大棚的骨架由立柱和拱杆（拱架）、拉杆（纵梁、横拉）、压杆（压膜线）等部件组成，俗称"三杆一柱"。这是塑料薄膜大棚最基本的骨架构成（图 2-4），其他形式都是在此基础上演化而来。

（一）立　柱

拱杆材料断面较小，不足以承受风、雪荷载，或拱杆的跨度较大，棚体结构强度不够时，则需要在棚内设置立柱，起支撑拱杆和棚面的作用，以提高塑料大棚整体的承载能力。竹木结构塑料大棚大多设有立柱，材料主要采用 $\phi 50 \sim 80mm$ 的杂木或断面为 $80mm \times 80mm$、$100mm \times 100mm$ 的钢筋混凝土柱子。钢筋结构塑料大棚的跨度为 $10 \sim 12m$ 时，也需要设置中间立柱，其断面为 $150mm \times 150mm$ 左右。

山墙立柱即棚头立柱（图 2-9），常见的为直立形，在多风强风地区则适于采用拱圆形和斜撑形。后两种山墙立柱对风压的阻力较小，同时抵抗风压的强度大，棚架纵向稳定性高，但其自身结构比较复杂，材料用量大。除水泥结构塑料大棚基本采用直立形山墙以外，竹木结构和钢管结构塑料大棚则直立、圆拱、斜撑三种形式都有采用。

（二）拱　杆

拱杆是塑料薄膜大棚的骨架，是塑料大棚承受风、雪荷载和承重的主要构件，决定大棚的形状和空间构成，还起支撑棚膜的作用。按构造不同拱架主要有单杆式和桁架式两种形式（图 2-10）。

1. 单杆式　竹木结构、水泥结构和跨度小于 8m 的钢管结构塑料大棚的拱架基本为单杆式，称拱杆。竹木结构塑料大棚的拱杆大多采用宽 $4 \sim 6cm$ 的片竹或小竹竿，在安装时现场弯曲成形，以片竹制作的拱杆表面光滑、易于弯曲，弯成拱形后具有较高的

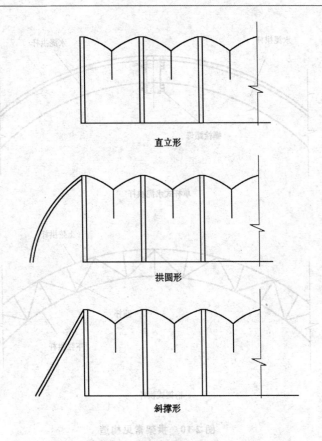

直立形

拱圆形

斜撑形

图 2-9　山墙立柱的形式

强度。

　　钢筋玻璃纤维增清水泥结构、装配式镀锌钢管结构塑料大棚的拱杆目前基本已由专业工厂制作生产,为了便于制造和运输,其拱杆均可拆装并且对成,其中间采用螺栓连接或套管式接头承接,连接在建棚现场安装时进行。

　　2. 桁架式　跨度大于 8m 的钢管结构塑料大棚,为保证结构

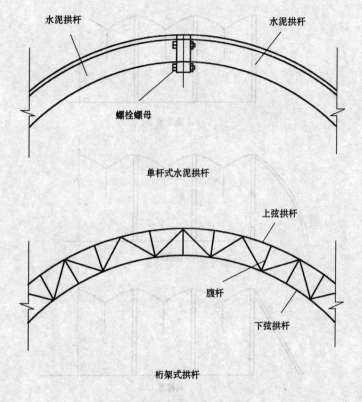

图 2-10　拱架常见构造

强度,其拱架一般制作成桁架式,拱圆形桁架有片架和三角形拱架两种,由上弦拱杆、下弦拱杆(三角形拱架有两根)和腹杆(拉花)构成。腹杆两端分别与上、下弦拱杆焊接成一体(图 2-11)。

　　(三)拉　杆

　　拉杆起纵向连接拱杆和立柱,固定压杆,保证拱梁纵向稳定,使大棚骨架成为一个整体的构件,拉杆也有单杆式和桁架式两种形式。单杆式在各种结构塑料大棚应用最普遍。竹木结构塑料大

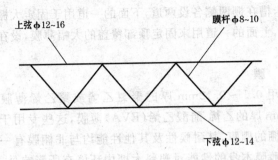

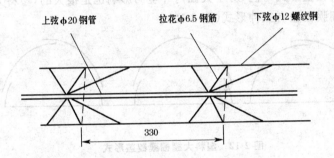

图 2-11 钢筋片架(上)和三角形拱架(下)的构成 (单位:mm)

棚的纵拉杆主要采用 φ40～70mm 的竹竿或木杆。水泥和钢管结构塑料大棚则主要采用 φ20mm 或 φ25mm,壁厚为 1.2mm 薄壁镀锌钢管或 φ21mm、φ26mm 的厚壁焊接钢管制作。拉杆的数量与跨度有关,多为 3～5 道。

(四)压 杆

压杆位于棚膜之上两根拱杆中间,起压平、压实绷紧棚膜的作用。在早期的时候,通常用较细的竹竿或草绳为材料,虽然材料价格便宜,但遮光率高,造成塑料大棚内光环境不佳,现在常用压膜线,通常为黑色的塑胶绳,内面包有钢丝,可增大压膜线的拉力,一般分扁形和圆形两种。竹木大棚多用竹竿和 8 号铁丝压膜,钢架大棚采用塑料压膜线,装配式钢管大棚用塑料压膜线和卡槽共同压膜,其中卡槽在棚两侧各设两道,下面的一道用于固定大棚两侧的小幅薄膜,上面的一道用来固定顶部覆盖的大幅薄膜,设在两侧风口的位置。

(五)棚　膜

棚膜可用 0.1～0.12mm 厚的聚氯乙烯或聚乙烯薄膜以及 0.08～0.1mm 厚的乙烯-醋酸乙烯(EVA)薄膜,这些专用于覆盖塑料薄膜大棚的棚膜,其耐候性及其他性能均与非棚膜有一定差别。除塑料薄膜本身的性能对塑料大棚内环境有所影响外,塑料大棚的覆盖形式不同,对于大棚内环境的影响也是很大的,塑料大棚的棚膜覆盖有三种形式(图 2-12)。

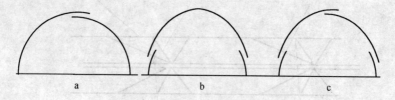

图 2-12　塑料大棚棚膜覆盖形式

a. 两膜覆盖　　*b*. 三膜覆盖　　*c*. 四膜覆盖

1. 两膜覆盖　　当塑料大棚的跨度较小时,可用两块薄膜覆盖,接缝在塑料大棚的顶部,这种覆盖形式通风时主要是揭开顶部的薄膜,利用热空气向上流动的原理降温的。这种形式通过放顶风降温,在内外温差较大的地区效果较好,当塑料大棚内外的温差相差不大的时候,效果不好,而且如果保护不好,雨天容易漏雨。

2. 三膜覆盖　　塑料大棚可用三块膜覆盖,中间较大的一块为顶膜,两边有较小的两块衬膜,接缝在塑料大棚的两侧,这种覆盖形式通风时主要是揭开两侧的接缝,利用塑料大棚两侧空气流动的原理降温的。这种形式通过放腰风降温,通风面积较大,通风效果也较好,但这种通风形式不利于塑料大棚内高处的降温,造成塑料大棚内温度不均匀,且当大棚内种有较高的作物时,降温效果不好。

3. 四膜覆盖　四块膜覆盖,中间有较大的两块顶膜,两边有较小的两块衬膜,通风时可将顶部和两侧的接缝都打开,也可以根据实际情况打开若干接缝,通风效果也结合了两块膜覆盖和三块膜覆盖两种形式的优点,是目前塑料大棚较好的薄膜覆盖形式,缺点就是使用的薄膜数量较多,生产管理较为复杂。

(六)塑料大棚骨架连接

塑料大棚的骨架之间连接,如拱架与山墙之间、拱架与拱架之间、拱架与立柱之间,其中竹木结构塑料大棚采用线绳和铁丝捆绑,铁丝粗度为 16 号、18 号或 20 号。装配式镀锌钢管塑料大棚和钢筋结构塑料大棚均由专门预定的卡具连接。这些卡具分别由弹簧钢丝、钢板、钢管等加工制造,具有使用方便、拆装迅速、固定可靠等优点。

(七)塑料大棚的门、窗

塑料大棚的门,既是管理与运输的出入口,又可兼作通风换气口。单栋大棚的门一般设在棚头中央,门的大小要考虑作业方便,太小不利于进出,太大不利于保温。门框高度为 1.7～2m、宽度 0.8～1m。为了保温,棚门可开在南端棚头。气温升高后,为加强通风,可在北端再开一扇门。为防止害虫侵入,通风口、门窗均可覆盖 20～24 目的纱网,阻隔害虫入侵。

三、塑料大棚的小气候特点

(一)塑料大棚的温度特点

利用塑料大棚进行反季节蔬菜、花卉生产,主要依靠塑料大棚内温度的特点,适宜的温度给作物提供了合适的生长环境。塑料大棚内的气温变化是随外界的日温及季节气温变化而改变,其变化的规律如下。

1. 塑料大棚温度的年变化　冬末初春随着露地温度回升,大棚内气温也逐渐升高,到3月中下旬棚内平均气温可以达到10℃左右,最高气温可达15℃～38℃,比露地高2.5℃～15℃,最低气温0℃～3℃,比露地高1℃～2℃。3月中旬至4月下旬,棚内平均温度在15℃以上,最高可达40℃左右,内外温差达6℃～20℃。5～6月份棚内温度可高达50℃,如不及时通风,棚内极易产生高温危害。7～8月份外界气温最高,棚内随时会发生高温危害,因此不能全棚覆盖,要昼夜通风和全量通风。通风后棚内温度与露地相比没有显著差异。9月中旬至10月中旬温度逐渐下降,但棚内气温仍可达到30℃,夜间10℃～18℃。10月下旬至11月上中旬棚内最高温度在20℃左右,夜温降至3℃～8℃。11月中下旬逐渐降到0℃,以后大棚内长期呈现霜冻,只能种植耐寒性的绿叶蔬菜或维持越冬。12月下旬至翌年1月下旬,棚内气温最低,旬平均气温多在0℃以下,蔬菜越冬停止生长。2月上旬至3月中旬棚内气温逐渐回升,2月下旬以后,棚温回升日趋显著,旬平均气温可达10℃以上。

2. 塑料大棚温度的日变化 大棚内气温在一昼夜中的变化比外界气温剧烈。大棚内昼夜温差依天气状况而异。晴天时,太阳出来后,大棚内温度会迅速上升,一般每小时可上升5℃～8℃,13～14时温度达到最高。以后逐渐下降,日落至黎明前大约每小时降低1℃左右,黎明前达到最低。夜间的温度通常比外界高3℃～6℃。阴天棚内温度变化较为缓慢,增温幅度也较小,仅2℃左右。

3. 塑料大棚温度的空间变化 此外,大棚内的气温无论在水平分布还是在垂直分布上都不均匀,并与天气状况、棚体大小有关。在水平分布上,南北向大棚的中部气温较高,东西近棚边处较低。在垂直分布上,白天近棚顶处温度最高,中下部较低,夜间则相反;晴天上下部温差大,阴雨天则小;中午上下部温差大,清晨和夜间则小;冬季气温低时上下温差大,春季气温高时则小。大棚棚体越大,空气容量也越大,棚内温度比较均匀,且变化幅度较小,但棚温升高不易;棚体小时则相反。

综上所述,大棚的气温特点是:外界气温越高,增温值越大,外界气温低,棚内的增温值有限。季节温差明显,昼夜温差较大。晴天温差大于阴天。阴天棚内增温效果不显著,阴天时增温缓慢,降温也慢,日温变化较平稳。白天上部温度高,下部温度低,夜间下部温度高,上部温度低。

熟悉并掌握大棚气温变化的特点及规律,对科学管理棚温有现实意义。

(二)塑料大棚的光照特点

新的塑料薄膜透光率可达80%～90%,但在使用期间由于灰尘污染、吸附水滴、薄膜老化等原因、而使透光率减少10%～30%。大棚内的光照条件受季节、天气状况、覆盖方式(棚形结构、方位、规模大小等)、薄膜种类及使用新旧程度情况的不同等,而产生很大差异。

1. 塑料大棚的走向对光照的影响 塑料大棚总采光面积大,光照条件好,一般平均透过率可达到60%以上。大棚越高大,棚内垂直方向的辐射照度差异越大,棚内上层及地面的辐射照度相差达20%～30%。塑料大棚可分为东西走向和南北走向两种。在冬春季节以东西延长的大棚光照条件较好,局部光照条件所差无几。但东西延长的大棚南北两侧辐射照度可差达10%～20%。冬季,东西延长温室直射光透过率比南北延长温室大5%～20%,进身越长或栋高越低,东西延长温室的直射光透过率的差异愈显著,纬度越高,东西延长温室的优越性越显著。东西延长温室与南北延长温室直射光透过率的季节变化倾向完全相反,东西延长温室在冬至直射光透过率最高,而后逐渐降低至夏至为最低,而南北延长温室正相反。

塑料大棚内的太阳光是由直射光和散射光两部分组成,散射光透过率与温室的建筑方位无关,而直射光透过率与建筑方位有密切关系。

2. 塑料大棚的结构对光的影响 不同棚型结构对棚内受光的影响很大,双层薄膜覆盖虽然保温性能较好,但透光量可比单层薄膜盖的棚减少一半左右。

此外,连栋大棚及采用不同的建棚材料等对透光也产生很大的影响。以单栋钢材及硬塑结构的大棚透光较好,只比露地减少透光率28%。连栋棚透光条件较差。因此建棚采用的材料在能承受一定的荷载时,应尽量选用轻型材料并简化结构,既不能影响透光,又要保护坚固,经济实用。

3. 塑料大棚的覆盖材料对光照的影响 薄膜在覆盖期间由于灰尘污染而会大大降低透光率,新薄膜使用两天后,灰尘污染可使透光率降低14.5%,10天后会降低25%,半月后降低28%以下。一般情况下,因为尘染可使透光率降低10%~20%。严重污染时,棚内透光量只有7%,而造成不能使用的程度。一般薄膜又易吸附水蒸气,在薄膜上凝聚成水滴,使薄膜的透光率减少10%~30%。因此,防止薄膜污染,防止凝聚水滴是重要的措施。再者薄膜在使用期间,由于高温、低温和受太阳光紫外线的影响,使薄膜"老化"。薄膜老化后透光率降低20%~40%,甚至失去使用价值。因此大棚覆盖的薄膜,应选用耐温防老化、除尘无滴的长寿膜,以增强棚内受光、增温、延长使用期。

(三)塑料大棚的湿度特点

薄膜的气密性较强,因此在覆盖后棚内土壤水分蒸发和作物蒸腾造成棚内空气高湿,如不通风,棚内相对湿度很高。当棚温升高时,相对湿度降低,棚温降低相对湿度升高。晴天、风天时,相对湿度低,阴、雨(雾)天时相对湿度增高。在不通风的情况下,棚内白天相对湿度可达60%~80%,夜间经常在90%左右,最高达100%。

棚内适宜的空气相对湿度依作物种类不同而异,一般白天要求保持在 50%～60%,夜间在 80%～90%。为了减轻病害的危害,夜间的湿度宜控制在 80%左右。棚内相对湿度达到饱和时,提高棚温可以降低湿度,如温度在 5℃时,每提高 1℃气温,约降低 5%的湿度;当温度在 10℃时,每提高 1℃气温,湿度则降低 3%～4%。在不增加棚内空气中的水汽含量时,棚温在 15℃时,相对湿度约为 70%左右;提高到 20℃时,相对湿度约为 65%。

由于棚内空气湿度大,土壤的蒸发量小,因此在冬春寒季要减少灌水量。但是,大棚内温度升高,或温度过高时需要通风,又会造成湿度下降,加速作物的蒸腾,致使植物体内缺水蒸腾速度下降,或造成生理失调。因此,棚内必须按作物的要求,保持适宜的湿度。

(四)塑料大棚的栽培特点及防护

塑料大棚的栽培以春、夏、秋季为主。冬季最低气温为 −15℃～−17℃的地区,可用于耐寒作物在棚内防寒越冬。北方地区,可于冬季在温室中育苗,以便早春将幼苗提早定植于大棚内,进行早熟栽培,夏播进行秋延后栽培。1 年种植 2 茬,由于春提早和秋延后而使大棚的栽培期延长 2 个月之久。东北、内蒙古一些冷冻地区于春季定植,秋后拉秧,全年种植 1 茬,黄瓜每 667m² 产量比露地提高 2～4 倍。西北及内蒙古边疆风沙、干旱地区利用大棚达到全年生产,于冬季在大棚内种植耐寒性蔬菜,开创了大棚冬季种植的先例。为了提高大棚的利用率,春提早和秋延后栽培,有时采取在棚内临时加温、加设二层幕防寒、大棚内筑阳畦、加设小拱棚或中棚、覆盖地膜、大棚周边围盖稻草帘等防寒保温措施,以便延长生长期,增加种植茬次,增加产量。

四、塑料大棚的规格

一般塑料大棚的单棚面积为 333～667m²,长度以 40～60m

为宜,最长不超过100m,过长管理不方便,过短则大棚内有效栽培面积小,因为大棚内侧四周都有低温区,作物在低温区生长不正常。大棚的合理长跨比在5以上,这样的大棚有效保温面积较大。跨度通常为8～15m,跨度过大则棚顶太平,下雨时容易形成水兜,降雨多的时候极易导致塌棚。大棚的脊高(顶部最高点的高度)为1.8～3m,棚顶太高防风效果差,容易导致掀棚,春天风大的地区更要控制棚高,棚高过小则棚顶容易过平。从防风和防雨的角度考虑,塑料大棚合理的高跨比北方地区为0.25～0.3,南方地区为0.3～0.4。

有些大棚两侧有明显的棚肩,一般肩高1.2～1.5m为宜,往往在棚肩处留腰部通风口,如果棚肩过高不利于通风管理。南方使用的装配式钢管大棚有的棚肩达到1.7m,主要是为了增加棚高,因为为了防雨,南方的钢管棚多采用尖顶型棚面,棚肩的位置与棚内空间的大小密切相关,不能太低,否则影响棚内作物的生长。

塑料大棚的规格随着大棚骨架材料和大棚内部环境管理的不断发展而不断地发生变化,没有统一的尺寸要求。

在最早的时候,由于塑料大棚的骨架为竹木结构,本身结构承载力不大,因此一般大棚的跨度为6～12m,长度为30～60m,肩高为1～1.5m,脊高为1.8～2.5m。随着钢架结构的塑料大棚的出现,大棚承载能力增大,大棚的尺寸也随之变大,一般跨度为8～12m,脊高为2.6～3m,长为30～60m。钢筋混凝土结构塑料大棚很好地解决了钢筋骨架腐蚀的问题,但由于混凝土自重过大,钢筋混凝土结构塑料大棚的尺寸却变小了,跨度一般在6～8m,长度为30～60m,脊高2～2.5m。镀锌钢管结构塑料大棚解决了材料自重大的问题,使大棚的规格又逐渐变大,大棚跨度4～12m,肩高1～1.8m,脊高2.5～3.2m,长度20～60m。

塑料大棚在最初的使用过程中,只看重保温能力,塑料大棚的尺寸多局限于满足作物生长的空间大小和工作人员在里面操作的空间,所以尺寸都不太大。在生产实践中,人们发现,随着塑料大棚空间的变大,大棚的环境性能有很好的改善。随着塑料大棚空间变大,大棚内的温度均匀性有所提高,湿度和光照环境都有所提高,更有利于作物的生长;同时,一些小型的农业机械可以在内部操作,大大提高了大棚生产的工作效率。因此,塑料大棚的规格也逐步变大。开始出现跨度在 15~20m 的大型塑料大棚,连栋的塑料大棚也大量涌现。

目前塑料大棚的规格有变大的趋势,但大型的结构在施工方面存在困难,对材料的性能要求更高,工程造价也相对来说比较高,并不适合所有地区使用。大型塑料大棚目前还属于少数。目前常见的塑料大棚每栋的面积在 300~600m²,常见生产的棚型规格有 6m、8m、10m 及 12m 跨度,高度有 2.4m、2.6m、2.8m 及 3m。此棚型结构,具有一定的规格标准,具有结构合理、坚固耐用、安装方便的特点,是当前推广应用的棚型结构。棚型越高承受风的荷载越大,但过低时,棚面弧度小,易受风害和积存雨雪,有压塌棚架的危险。要根据当地条件和各类大棚的性能选择适宜的棚型。建筑材料力求就地取材,坚固耐用。在大棚区的西北侧设立风障,以削减风力。如果结合温室建设在温室间建大棚配套生产,能够提高土地利用率和经济效益。

第二节　塑料大棚的建造与应用

塑料大棚的选址有自然因素和客观因素两方面的影响。

(一)自然因素

避免在大风、大雪等恶劣条件下建棚。由于大棚抗风力相对较差,因此特别注意不要把大棚建在风口处。选地势平坦、向南向阳、开阔无遮荫处,同时注意选择土质肥沃、土层较厚、地下水位低、灌溉排水顺畅、地基牢固的地块。建造地块最好北高南低,坡度以 8°～10°为宜。大棚的方向以南北延长为好,棚内日照均匀,温差小,抗风能力较强,适于春秋生产,缺点是温度相对较低。东西延长的大棚虽光照强度较强,但北部受光差,南北部产量差异大。

(二)客观因素

在建设大面积大棚群时,南北间距 4～6m,东西间距 2～2.5m,以便在大棚间修建道路进行产品运输和修排灌渠。建棚处要远离居民点,远离有污染的工厂,选水电交通便利的地方,以便于产品运输和栽培管理。

一、竹木大棚的建造

竹木大棚是我国最早出现的大棚类型,其建造步骤也很简单,当材料发生变化时,建造工艺也有变化,这里给出两种最常见的竹木结构的大棚建造步骤以作比较,从中得到类似大棚建造的规律。

(一)竹木结构塑料大棚的建造步骤

1. 大棚定位放样

(1)棚向 以南北向为好,如受田块限制,东西向也可以,尽量避免斜向建棚。

(2)规格 棚宽 4～6m,长 30～50m,高 1.6～2m。建立大棚群时,应使棚间距达到 1.2～1.5m,棚头距离 4～5m,有利于运输和通风,避免遮荫。

(3)放样 在地势开阔、非风口的地方,按照设计好的大棚长、宽尺寸确定大棚四个角,利用勾股定理使四个角均成直角后打下定位桩,在定位桩之间拉好定位线,并沿线将插竹架的地基铲平夯实。

2. 材料准备

(1)毛竹 二年生毛竹,中间处粗度 8～12cm,长 5m 左右,顶梢粗度不小于6cm。竹子砍伐时间以8月份以后为好,这样的毛竹质地坚硬而富有柔韧弹性,不生虫,不易开裂。按每667m²面积大棚需毛竹约3000kg备料。并取好边立柱、中立柱、拱杆、三道纵向拉杆的料。

(2)大棚膜　选用多功能转光膜和高保温膜最佳,它可以增加光能利用率,提高棚的保温性能。膜幅宽7.5～8m,厚度0.6～0.8mm,用量50kg/667m²。

(3)裙膜　最好也选择多功能膜,宽1.1～1.3m,厚度0.5～0.7mm。也可用当年换下的旧棚膜裁成相应宽度备用。用量10～15kg/667m²。

(4)小棚膜　用普通膜或多功能小棚膜(也可用旧农膜,省成本,且保温性更好),幅宽依据作物高度选定2m或3m,厚度0.3～0.4mm,用量30～40kg/667m²。小棚用的竹片长2～3m,宽2～3cm。

(5)地膜　选用1.5～2m宽的地膜,用量3kg/667m²。

(6)压膜线　7～8kg/667m²,也可就地取材,采用不易老化、强度高的布条。

(7)竹桩　用竹桩固定压膜线,约260个/667m²。竹桩用毛竹根部制成,长约50厘米,近梢端削尖,近根端削有止口,以利于压膜线固定。

3. 绑大棚骨架

(1)选用架材　架材选用新砍的青竹,要求φ2～2.5cm,长3.5～4.5m,上下粗细一致。

(2)打孔插拱杆　按棚跨度在地上用绳子拉好两条平行线,即大棚边长线。要求大棚边线与棚头线相垂直。在两条边长线的相对位置上,每距0.5～0.6m用半月铲打洞,深25～30cm。沿大棚两侧定位线,将青竹基部逐一插入孔中,拱杆竹子粗的一端插入洞内约40cm,相对应的两根竹子粗度基本一致,细的一端在棚顶相重叠 70cm 以上。为使拱架两侧肩高一致，同一拱架的两根竹子新旧、粗细应尽量相同，然后填土踏实，再将同一拱架两侧的竹竿按统一高度标准弯成弧形，并用布条或包装绳顺一定方向包扎，使青竹两头包裹在其中，绑扎紧。插入土端可用石灰水浸泡，以减缓插入土端霉烂速度。

(3)插立柱　在棚中心和距边线 30cm 处每隔 3～4m,用半月铲打立柱洞,搭好三道立柱和纵向拉杆。边立柱以向外侧 75°～80°倾角支撑立柱和拱杆。

(4)绑拉杆　捆扎棚架于三道纵向拉杆,固定棚架使之成一整体。在拱架顶部和距地面 60～80cm 的两侧,沿长度方向,对称绑上 3 道纵向拉杆,绑时拱架之间应保持原有距离,并尽量绑牢,使拱架不前后滑动。为提高大棚牢固性,5～6m 宽的棚每隔 3～5m 要有 1 根立柱,4～5m 棚可以用交叉式斜撑代替两侧的拉杆,方法是在棚内每隔 4～5 道棚架,用 4 根入土 30～40cm 的长架材按 45°角固定在棚架上,从上往下看像个"X"形。

(5)建棚头　棚两端斜插上剪刀撑并捆扎好棚头立柱和横杆,使棚体牢固。在两端的拱架下,插入 4～6 个支柱,将支柱与棚架绑在一起形成棚头,在背风处棚头中部设门,门宽 0.7m,高 1.3～1.5m。为减轻风对膜的损坏,迎风的棚头可采用逐步降低棚架高度的办法过渡。

4. 搭盖棚膜

(1)固定裙膜　先安装裙膜。将裙膜的一边塞入一粒黄豆用细绳扎住后拉紧并固定在大棚竹架离地面 100～120cm 高处。裙膜的下端埋入土中深约 10cm。裙膜宽 6.8m,长度比大棚长 1～2m,将 1m 宽的薄膜一边卷入麻绳或尼龙绳,用电熨斗等烙合成小筒,盖在棚架两侧的下部,两端拉绳拉紧后固定在棚头上,中间用细铁丝将拉线固定在棚架上,在插拱架的边路开深 10cm 浅沟,将超过围裙的 20cm 薄膜埋入沟中踩实。

（2）固定顶膜　再从棚顶扣上大棚膜（注意棚膜的正反面），大棚膜的下端在裙膜的外侧，与裙膜重叠 40cm 以上。顶膜宽度＝拱架弧长－80cm，顶膜长度＝大棚长＋2×（棚高＋40cm），在无风条件下上顶膜，顶膜绷紧后用铁丝固定在棚头立柱上。

（3）用压膜线把膜压紧拉平　注意钉竹桩时要使之与大棚架（竹子）在一直线上，压膜时先固定棚两端，再压棚中间。

（4）埋地锚　相邻两道棚架两侧的中间各埋一个地锚，具体方法是：用粗铁丝捆一块整砖，沿边线埋入土中，上面留一个环用来固定压膜线。压膜线必须贴棚膜拉紧。

（5）装门　将门处薄膜切开，上边卷入门口上框，两边卷入门边框，用木条钉住，门用竹木做框，绷上薄膜，再用粗铁丝固定在门框的一边。

5. 搭建竹木塑料大棚的注意事项

（1）棚脚入土要到位　大棚脚的入土深度一定要达到 40cm，以免棚脚边缘的土壤因耕作逐年下降，使棚脚入土变浅，造成大棚倾斜。

（2）连接杆要扎紧扎牢　大棚的三道连接杆与骨架接触部位用铁丝扎紧扎牢，如用竹竿做连接杆，因竹竿会干燥收缩而松动，应经常检查，随时扎紧并间隔 2～3 年更换一次，以防竹竿老化，大棚倾斜。

（3）大棚支撑要牢固　水泥大棚两端的混凝土支撑杆，用两长两短，即两根短撑杆与连接杆对准，底部距第一副骨架的底部 1～1.5m；两根长撑杆的宽度可与棚门相结合。为使大棚更牢固，可在大棚两端的内侧用毛竹搭成剪刀形支撑杆。对 50 米以上的大棚，宜在棚中间的两侧加搭一副剪刀撑。一个较长的大棚共用 6 副剪刀撑。

（二）水泥柱钢丝绳拉梁竹塑料大棚的建造

这种大棚的建筑材料来源方便，成本低廉，支柱少，结构稳定，棚内作业便利。主要包括立柱(水泥柱或木杆)、拉梁(拉杆或马杠)、吊柱(小支柱)、拱杆(骨架)、塑料薄膜和压膜线等部分。

　　每个拱杆由 4 根立柱支撑,呈对称排列,立柱用水泥柱或木杆,每 3m 一根。拱棚最大高度 2.4m,中柱高 2m,距中线 1.5m 与地面垂直埋设,下垫基石。边柱高 1.3m,按内角 70°埋在棚边作拱杆接地段,埋入地下 40cm,中柱上设纵向钢丝绳拉梁连接成一个整体,拉梁上串 20cm 吊柱支撑拱杆。用 φ3~6cm 的竹竿或木杆做拱杆,并固定在各排立柱与吊柱上,间距 1m。拱杆上覆盖塑料薄膜,薄膜上用 8 号铁线固定在地锚上压紧。大棚两端设木结构的门。

二、钢架大棚的建造

　　钢架结构塑料大棚的建造与竹木结构塑料大棚的建造有所区别,大部分构建都是在工厂中生产好的,在现场只是进行安装,而且这类大棚结构本身重量大,还需要制作基础。下面简要介绍几种钢架大棚的制作过程,并介绍一下大棚基础的制作。

(一)普通钢架结构塑料大棚的建造

　　1. 结构设计　　首先,要考虑大棚是否南北向延长,棚内有无立柱,跨度大小等技术参数,根据场地状况和生产实际进行结构设计。一般跨度为 8~10m,高度随跨度加大而增高,一般中高为 2.5~3m,高跨比最低要求在 0.25 以上,长度在 50m 以上。骨架间距 1m,骨架的上弦用 φ16mm 的钢筋或 φ25mm 的钢管,下弦用 φ10mm 的钢筋,斜拉用 φ6mm 的钢筋。下弦处用 5 道 φ12mm 的钢筋作纵向拉梁,拉梁上用 φ14mm 的钢筋焊接两个斜向小支柱,支撑在骨架上,以防骨架扭曲。

　　2. 钢架焊接　　按照拱架设计图先焊好模具,以 φ25mm 钢管作上弦,φ12mm 钢筋作下弦,弯曲放置在模具中,用 φ6mm 钢筋截成 20cm 长小段作腹杆呈三角形焊接上、下弦。一个大棚上的所

有钢架按统一标准焊接,所有腹杆均要求在钢架的同一位置,以便穿横拉筋。每个焊点要求均焊2遍,确保焊实。

3. 大棚建造

(1)**放线筑墙**　按照规划设计图放好线,在大棚两头筑墙(土墙或砖墙),墙体拱度与钢架弓要一致,并在一侧墙中央留门,以便进出。

(2)**埋地锚石**　按照大棚跨度,在棚头墙外0.5m处各埋设5～7个或9～11个地锚,地锚丝引出地面0.5～1m。

(3)**安装钢架**　半钢架大棚每4m左右设置一片钢架,钢架间距要依据大棚净长计算均匀。安装时用叉杆架起钢架与地面垂直,两端埋入土中15cm左右。先在两头及中央安装三片标准架,并拉好标准线,然后再安装其他钢架。为了不使钢架倒伏,可预先在顶部紧拉一根拉丝,在安钢架时将钢架顶部与拉丝绑扎。所有钢架安装好后,用紧线器将拉丝拉紧,两头固定在地锚丝上。所有钢架安装好后,调平,并将拉丝绑扎固定在钢架上弦下方。风大的地方为了加固大棚,还要在钢架的下弦上也均匀绑扎几根拉丝,防止钢架扭曲变形。

(4)**绑竹竿**　在两钢架间的拉线上方每隔0.5m左右绑扎一道竹竿,以支撑棚膜。使用φ3cm左右、长5～6m的小竹竿。竹竿绑好后,削掉向外的枝节,并用旧地膜将接头缠好,防止扎破棚膜。

(5)**埋压膜线地锚**　在棚体两侧,每隔1.5～2m各埋一个地锚,以便绑压膜线。

(6)**扣大棚膜**　按通风设计要求预先焊烙好棚膜。扣棚膜时,要先扣下膜,后扣顶膜,拉紧绷直,无皱褶。棚膜两头卷竹竿固定在墙上,两边用土压好踩实。最后绑好压膜线。

(二)钢筋骨架改良式大棚的建造

钢筋骨架改良式大棚建在日光温室之间,为东西走向,跨度8～10m,脊高2.5～3m,钢筋拱形骨架屋面由对称结构改成不对称结构,南侧拱形骨架屋面占2/3,北侧拱形骨架屋面占1/3,作业道改在大棚的北侧,宽0.6m。为方便作业,把北侧拱形骨架按内角80°从地面抬高1.7m,南侧拱形骨架前底角57°。覆膜后在大棚的北侧覆盖10~15cm厚玉米秸或草帘防寒保温,在棚内的东、南、西三面张挂1.5m高的二层幕,棚膜与二层幕间距离10cm左右。

(三)钢筋水泥结构塑料大棚的建造

钢筋水泥结构塑料大棚的结构:水泥大棚的宽度为6m,高度为2.5m,拱间距离为1m,长30~50m。水泥大棚的拱架为钢筋水泥预制件,2根底筋的直径为8mm,顶筋直径为6mm,也可用4根6mm的钢筋。箍筋为4mm冷拔丝。混凝土可选用500号水泥,每立方米混凝土用水泥360kg,水172kg,粗砂545kg,石子1400kg。拱架预制时,拌料要填实填匀,边浇边搅拌。去膜6小时后开始喷水,每天多次,养护7天后再露天堆放1个月,方可用于安装。

水泥大棚的建造:在选用的田块上,按照大棚的走向和宽度拉线放样,东西两侧,每隔1.1m挖一角洞,深40cm,口径为1.5cm×15cm,洞底垫废砖块。将拱架两两配对,清理螺丝孔内残留的水泥,观测螺丝孔的位置是否一致。在大棚两头及中间,先架3道拱架作为标准,然后在棚顶拉线,保证高度一致,棚两侧拉线,保证左右对齐。将每副棚架的2根拱架,竖立起来结合,螺丝孔对齐,高度及左右与标准架一致,位置要不断进行调整。拉杆最好用φ25mm的钢管,连接件用螺丝或14号铅丝。边竖立拱架边安装拉杆,使拱架与地面垂直。棚头应垂直于地面,连接拱架要绑牢,埋入土中部分要压实。

(四)镀锌钢管大棚的建造

镀锌薄壁钢管组装大棚由骨架、拉梁、卡膜槽、卡膜弹簧、棚头、门、通风装置等通过卡具组装而成。骨架是由两根φ25~

32mm 拱形钢管在顶部用套管对接而成，纵向用 6 条拉梁连接，大棚两侧设手动卷膜通风装置。骨架上覆盖塑料薄膜，外加压膜线。也可用氧化镁预制件结构等。该棚的优点是结构合理，坚固耐用，抗风雪压力强，搬迁组装方便，便于管理。缺点是造价较高。

GP 系列钢架大棚由单拱边接装配而成，分单栋和连栋两种。连栋棚架（两连栋）跨度为 12m，开间为 3m，拱间距 1m，长度以 30m 为基准，可在 50m 之内任意加长，开天窗和两侧开窗，可以任意连栋。单栋棚架跨度为 6m，拱间距 0.6m，长度以 30m 为基准，50m 以内任意加长，两侧开天窗。GP 系列钢架大棚骨架参照 JB/T(0288−2001)连栋温室结构标准选择参数。其上部为尖顶圆结构，圆拱屋面；两侧安装 3 条卡槽，两侧肩高以下垂直地面，安装自动或手动机械卷膜，开启度为 1.2m，门为推拉门，内设遮阳网，遮阳网高度为 2m，两侧窗及天窗安装防虫网，棚内既可安装喷灌也可安装滴灌。覆盖厚 0.15mm 进口薄膜。当棚内温度升高和湿度较大时，开启侧窗、天窗，实现空气对流，同时展开遮阳网降低棚内温度。当温度过低时，可关闭侧窗、天窗，并在棚内实现多层覆盖达到保温的效果。

常用的是 GP622 型钢管大棚（棚宽 6m，拱杆钢管外径 22mm，壁厚 1.2mm），棚高 2.5m，肩高 1.2～1.4m，拱间距为 1m。安装程序为：定位测量→安装拱杆钢管→安装拉杆→安装棚头→安装棚门。上棚膜、建小拱棚及棚内地面利用的方法同竹木结构塑料大棚一样。

1. 定位 根据棚的规格，在平整的土地上，先拉一条基准线，以勾股定律（直线为 4m，横线为 3m，斜线为 5m）使四个角成直角，确定四角定位桩，并拉好棚头棚边 4 条定位线。

2. 安装拱杆钢管 将拱杆钢管的下端按需插入的深度做好安装记号（一般为 50cm），插入深度使安装记号与地表水平线相平。在棚纵向定位线上按确定的拱间距（一般为 60～70cm）标出安装孔,两侧的安装孔的位置应对称,用同拱杆钢管径相同的钢钎在安装孔位置打出所需深度的安装孔,将拱杆钢管插入安装孔内,然后用接管将相对的拱杆钢管连接好。

3.装纵向拉杆和棚形调整　用钢丝夹将纵向拉杆与拱杆钢管在接管处连接好,然后进行拱杆钢管高低调整,使拱杆钢管肩部处于同一直线上,纵向拉杆尽可能直。

4.装压膜槽和棚头　上压膜槽处在接近肩部的下端,下压膜槽离地面1～1.1m,二压膜槽间距60cm左右。安装时,压膜槽的接头尽可能错开,以提高棚的稳固性。

棚头应在安装纵向拉杆和压膜槽前固定好,作棚头的二副拱杆钢管应保持垂直,为提高棚头抗风能力,拱架的高度可比其他拱杆钢管略低(插得略深些),同时安装好棚头立柱。

5.覆膜　先上围裙膜,把围膜的上端用卡簧固定在下压膜槽上,在棚头处折叠10cm左右,下端埋入土中10cm。再从棚顶扣上大棚膜(注意正反面),先固定一端大棚膜于棚头压膜槽,然后在另一端拉紧,用绳固定在棚门上,从固定的一端向另一端透开棚膜后,固定另一端棚膜于棚头压膜槽上,再从一端开始横向拉紧对齐棚膜,固定棚膜于上压膜槽。用压膜卡固定棚膜的下边于摇膜杆上,上好压膜绳。

6.摇膜设施使用　在棚膜的两端,沿棚头拱杆钢管内侧10cm处从底边剪开棚膜,一直剪到上压膜槽,然后在棚头拱杆钢管向内在上下压膜槽间垫一层1m左右长薄膜,上下用压膜槽固定,棚头拱杆处连棚头膜用压膜卡固定在棚头拱杆上。通风口大小由摇膜高低来控制。

7.通风口设计　采用拨缝通风的方式通风,通风口设在棚的两侧,采用上片塑料膜拨缝通风或用卷膜器操作通风。

(五)覆膜与管理

新建大棚要及早覆膜,在整地、施肥和做畦的基础上,在大棚周围挖好压薄膜的沟,在压薄膜沟的外侧设地锚,用8号铁丝做套,下拴坠石,上边露出地面。选择无风天扣膜。选择聚乙烯膜覆盖,覆膜之前,首先用电熨斗焊接薄膜,具体方法:用长150cm、宽4cm的木条,放在桌面上或在下面钉上支柱,把两幅薄膜重叠放在木条上,盖上一条棉布或硫酸纸、牛皮纸等焊接。提倡使用3幅膜覆盖,先将1.5m宽的底幅膜的一边各烙入一根绳子,底幅盖在骨架两侧的下部,两端拉紧固定后,再用细铁丝把膜内绳子固定在每个骨架上作为围裙,薄膜下部20cm埋入压膜沟中踩实。再把顶幅薄膜盖在上部,下部与围裙重叠30～40cm,两端要拉紧压实。

大棚盖完薄膜,在定植前,把门口处薄膜切开,上边卷入门口上框,两边卷入门边框,用木条或秫秸钉住。再把门安好。

建造大棚时要按照技术要求选用合格的建棚材料,大棚的肩部不宜过高,拱度要均匀,竹木结构或水泥柱钢丝绳拉梁竹拱棚,要使立柱、吊柱、拱杆、拉梁、薄膜、地锚、压膜线等成为整体结构,不松动不变形。大风天要精心看护,随时压紧棚膜,及时修补薄膜孔洞及骨架松动部分。降雪时要随时清除,防止压塌大棚。

(六)塑料大棚的基础

基础是建筑物地面以下的承重构件,它支撑其上部建筑物的全部荷载(荷载习惯上指施加在工程结构土使工程结构或构件产生效应的直接作用,有结构自重、风荷载等),并将这些荷载及自重传给下面的地基。塑料大棚的基础主要用来支撑立柱和拱架等。在大棚工程建设中,其基础设计与民用建筑基础设计相比,要求相对不高。因此,在这方面常常得不到应有的重视,而在实际工程中,基础设计不合理的地方并不罕见,甚至因此而发生事故。现代化的温室工程投资往往较大,一旦发生地基事故,将会造成不小的经济损失。现将目前温室建设中的几种主要基础设计类型及设计中存在的一些问题作一探讨。

1. 地质条件　工程基础设计前首先要对现场的地质情况有

所了解,各地的基础地基承载力差别较大,即使同一地区,不同地方也有差别。如上海地区,普遍认为该地区地基比较薄弱,一般都取 8 吨/m²,事实上,上海地区 16 吨/m² 的地基也并不少见。

2. 基础类型及其设计

(1)条形基础 一般来讲,可以把温室基础的设计按照工业厂房的点基础设计要求来考虑。在四周围护结构处用砖砌条形基础,其深度北方地区要求在冻土层以下,南方地区可浅一些。国外温室公司在南方的温室工程中,在地质条件比较好的情况下,条形基础深度只有 400mm 左右。当然,对土质较差的地方、玻璃温室、作物荷载较大的温室在设计上要求高一点。需在砖基础上加一圈圈梁,在圈梁现浇过程中要注意把与钢柱连接的预埋件同时布好。还有一个需要考虑的问题是,温室工程中一般基础比较长,为防止温室变形和地基沉降对基础产生破坏,要求每隔 50m 左右设置变形缝。在温室外的散水中也需每隔 10m 左右设置一个变形缝,并注意避免把变形缝设在有雨水管处。

(2)独立基础 温室内部的柱子使用独立基础。对高度不是很高,荷载不大,地质状况较好的,可直接使用独立基础,根据实际的设计要求,对基础的高度和宽度进行调整。但是,由于温室柱子螺栓孔距一般在 100mm 左右,加上钢筋直径和必要的混凝土保护层厚度,因此基础口部长度方向不宜少于 160mm。如果竖筋、螺栓直径都比较大时,要达到 200mm。对于风载,或者其他荷载比较大或地质情况比较差的温室,使用杯形基础较好。这种在工业厂房结构中使用比较多的基础形式稳定性较好,但消耗的混凝土量也较大。在实际工程中,为了减少施工时间,提高施工质量,不少温室公司把基础预制好,再运往工地。在这种施工中,基础过大,给运输带来困难,且施工中,过大的基础搬动极不方便,因此杯形基础一般都是在现场浇筑的。对这两种独立基础的施工,一般要在底部布上一层碎砖或 C_{10} 的混凝土。

3. 基础材料 大棚基础的材料选择没有很高的要求,达到构造要求就可以了。一般来讲,条形基础的砖块采用 MU7.5 以上,砌筑砂浆采用 M_5,垫层混凝土采用 C_{10} 或 C_{15};基础混凝土采用 C_{25}。杯形基础中的第二次浇筑的混凝土要求比第一次的高 1 号,钢筋一般采用一级钢筋。为了防止地上部分锈蚀,预埋螺栓要求热浸镀锌处理。

4. 基础施工 基础施工中,预埋螺栓的放置要求比较高。一般将螺栓固定距离后,用钢筋焊接好,再在浇筑基础时放置。在基础设计中,一般用 2 个螺栓,为了加强牢固性,用 4 个螺栓的做法是不可取的。温室受力是整体受力的,用 4 个螺栓的做法在结构上对受力没有太大的帮助,而且造成基础口部过大,浪费材料,施工也很不方便。在基础放线时,为保证上部结构的安装顺利,其偏差要求:长度和宽度方向柱距为 $\pm 10mm$,总长度为 $\pm 3\,000mm$,总宽度为 $\pm 3\,000mm$,高度 $\pm 5mm$(按设计高度)。

5. 塑料大棚实际施工 塑料大棚的基础既不能让大棚在任何情况下有沉降现象,又不至于让风抬走或将大棚拔倒。竹木结构的塑料大棚多不做基础,只是将木杆或竹片直接插入土中,但需要一定深度,一般来讲,间距 2m 的柱深要 40cm,间距 3m 以上时柱深要 45cm。为了增加木杆和竹片与地面的摩擦力,可在上面固定一根截面 4~5cm 见方的小水泥柱或相近粗度的木桩,与木杆和竹片同时埋入土中。施工前,先将地基压实,要是土地砂性太强时要特别注意。否则,由于重力、暴雨等动摇地基,使大棚倾倒。

钢架结构塑料大棚和镀锌钢管结构塑料大棚柱基形式较为讲究,最简单的是按照规定的间隔打入 60~90cm 的桩木,然后用螺钉固定钢架或钢管,以桩土间的抗力支持大棚荷重,若为砂土地盘,可在下端加一底板,或将基础坑挖深,周围捣实,木桩材料要选好,钢架与桩木的固定最好用 3 个螺丝以上,大型单栋塑料大棚至少应将桩子埋入土中 60cm 以上,桩木粗度一般为 6~8cm 以上较为可靠。

钢架大棚一般多为水泥制的独立基础,每个柱子下设一个水泥墩座,水泥座在安装以前预制,一般为梯形墩座,也有立方体、长方体或圆柱状的。梯形墩座一般高度为 50cm,上端 15cm × 15cm,下端 30cm×30cm。

三、塑料大棚的应用

一是育苗包括早春果菜类蔬菜育苗,花卉、果树育苗,各种草花育苗。

二是蔬菜栽培包括春季早熟栽培、秋季延后栽培、春到秋长季栽培。

三是花卉、果树栽培包括各种草花、盆花和切花栽培,果树生产用于栽培葡萄、草莓、桃及柑橘等。

复习思考题

1. 塑料大棚各类型相比有何区别?
2. 塑料大棚的构造及其小气候有何特点?

第三章 温 室

第一节 温室的种类和结构

温室是具有充分采光、严密保温或补充加温、空气对流等性能的设备,用于种植或养殖生产的一种设施。温室的透明屋面可保证充分采光,温室的墙体、后屋面、草苫或保温幕等围护结构及覆盖物是主要的保温设施,炉火加温设施或热水加温设施等可在严冬进行加温,放风口、门窗、排气扇等结构或设备用于温室通风。在各类园艺设施中,温室的保温防寒性能最好,投资较大,经济效益也较高,是目前北方冬季进行园艺作物生产的主要设施。温室的类型很多,其分类方式也有多种。

一、温室的分类

(一)按照透明屋面的形式分类

按照透明屋面的数量可把温室分为单屋面温室、双屋面温室和多屋面温室。按照透明屋面的形状(图 3-1),单屋面温室可分为一面坡温室、立窗式(又叫一斜一立式)温室、二折式温室、三折式温室和半拱圆形温室、拱圆形温室,双屋面温室可分为等屋面温室、不等屋面温室,多屋面温室可分为屋脊形连栋温室、拱圆形连栋温室、多角屋面温室(六角形、八角形等)和异型温室。

我国应用的温室,多为由墙体、后坡等结构和采光面组成的以保温为主的单屋面温室,荷兰、美国、日本等发达国家多应用无墙体以加温为主的单栋(拱圆等屋面、尖顶等屋面)温室及连栋温室(屋脊形、拱圆形)。目前,我国园艺作物生产上应用较多的单屋面

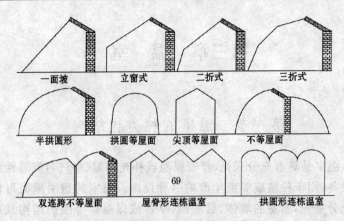

一面坡　　　立窗式　　　二折式　　　三折式

半拱圆形　　拱圆等屋面　尖顶等屋面　不等屋面

双连跨不等屋面　　屋脊形连栋温室　　拱圆形连栋温室

图 3-1　温室透明屋面类型示意图

温室为半拱圆形温室和立窗式温室,温室通常由墙体(后墙和山墙)、后屋面(也叫后坡)和前屋面(即采光面)骨架组成主体结构,前屋面骨架上覆盖薄膜和草苫等采光、保温覆盖物。观光园区多应用屋脊形连栋温室和拱圆形连栋温室等现代化温室。连栋温室由屋脊形或拱圆形骨架、玻璃等透明覆盖物、遮阳网和无纺布等遮阳或保温覆盖物组成。

（二）按照透明覆盖材料分类

按照温室透明覆盖材料的不同可将温室分为玻璃温室、塑料薄膜温室和硬质塑料板材温室。目前应用的半拱圆形温室、部分立窗式温室和拱圆形连栋温室采用塑料薄膜覆盖,屋脊形连栋温室采用玻璃(荷兰芬洛型温室)或硬质塑料板材覆盖。

（三）按照温室的热源分类

按照温室内的热量来源的不同温室可分为加温温室和日光温室两种。

1. 加温温室　具有加温功能的温室为加温温室。加温温室又有地热能温室、工厂余热温室和人工能源加温温室。人工加温设备有炉子、暖气、热风炉等。通过加温可在日光热源不足时创造适宜的温度条件,满足生产要求。由于加温温室的温度可人为控制,因此作物生长良好,但生产成本较高。目前花卉生产尤其是高档花卉生产多采用加温温室。连栋温室多为加温温室。

2. 日光温室 利用太阳辐射增温,不加温或基本不加温,有后墙、山墙和后屋面(又叫后坡),前屋面覆盖透明覆盖物和保温覆盖物,跨度在 6m 以上、脊高 2m 以上的栽培设施称为日光温室。一般日光温室的南侧是覆盖塑料薄膜的采光面,北面和东西两侧是墙体,走向(指屋脊的方向)为坐北朝南,东西延长。日光温室是目前我国农村应用面积最大的温室,主要用于蔬菜和果树生产。其特点是造价低,能耗少,运行成本低,但温度受外界影响大,容易出现低温危害。按照温室性能的优劣,日光温室又可分为春用型日光温室和冬用型日光温室。

(1)春用型日光温室 冬季最低温度低于 5℃,不能生产喜温的园艺作物,只能生产耐寒和半耐寒园艺作物的日光温室称为春用型温室,也叫普通型日光温室。春用型温室春季多用来生产喜温的园艺作物,其产品上市期比塑料拱棚早。

(2)冬用型日光温室 冬季最低温度高于 5℃,在冬季、春季和秋季均可生产喜温园艺作物的日光温室称为冬用型日光温室,又叫高效节能型温室。

(四)按照骨架材料分类

按照温室的骨架材料可将温室分为竹木结构温室、钢筋混凝土温室、钢架温室、铝合金温室和混合结构温室。其中连栋温室全部为铝合金骨架或钢架温室,农村应用面积最大的是竹木结构温室,钢、竹混合结构温室是目前推广的重点类型。

(五)其 他

按照墙体类型温室可分为土墙温室、砖墙和新材料墙体温室,按照用途可将温室分为蔬菜温室、果树温室、花卉温室和育苗温室,按照栽培床的位置可分为地上温室和半地下温室,按照温室管理方式可分为人工管理温室和智能温室。

　　智能温室是以太阳能、电能及其他热能为能量来源,利用现代技术,对作物生长发育的环境实行半自动或全自动调控,可周年生产的栽培设施。

　　在上述温室中,农村应用最多的是土墙体、竹木结构或钢竹混合结构塑料薄膜温室,采光屋面为半拱圆形或立窗式,栽培床与地面相平或位于半地下。观光园区多建设各种连栋温室和砖墙体、钢架塑料薄膜日光温室。

二、日光温室的类型和结构

　　日光温室是我国北方冬季应用的主要设施,由于各地的气候条件、栽培习惯和技术来源等不同,形成了具有各自特点的结构类型和利用方式。根据前屋面的形状划分,目前生产上应用的日光温室主要有半拱圆形和立窗式两种类型;根据后墙和后屋面的规格划分,日光温室可分为长后坡无后墙、长后坡短后墙、短后坡高后墙和无后坡高后墙四种类型,目前生产上应用的日光温室绝大多数为短后坡高后墙温室,少数为无后坡高后墙温室。

(一)长后坡无后墙日光温室

　　这种温室是专为稻田和棉田冬闲期插空生产一大茬果菜而设计的。这种温室较少了土方工程,对土地的破坏较小;可多次拆装,不耽误农时,还提高了土地利用率。该温室保温性能较好,但土地利用率不高,作物产量较低。代表类型为永年Ⅱ型(图3-2)日光温室。这种温室目前很少应用。

(二)长后坡矮后墙日光温室

　　这种温室起源于辽宁省海城市感王镇。20世纪80年代初河北省永年县引进后加以改进,屋脊和后墙的高度分别增加到2.4～2.6m和0.8～1m,前屋面水平投影宽度增加到4.5～5m,占整个

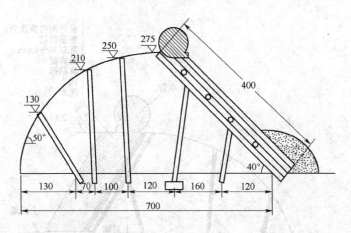

图 3-2 长后坡无后墙半拱圆形日光温室 （单位:cm）

温室水平投影宽度的 2/3 左右,称为永年 2/3 式日光温室。这种
温室采光保温性能好,严冬季节室内最低气温一般≥8℃。适合在
11 月份至翌年 4 月份日照时数≥650 小时、日照百分率≥50％,极
端最低气温高于－20℃的地区推广使用。代表类型为海城新Ⅱ型
(图 3-3)日光温室和永年 2/3 式日光温室(或永年改进式日光温
室)。该温室土地有效利用面积小,后坡遮光多,近年也在不断改
进中,有被大跨度温室取代的趋势。

(三)短后坡高后墙日光温室

在长后坡短后墙温室的基础上,通过加大采光屋面,缩短后
坡,提高屋脊高度,形成了短后坡高后墙日光温室,其后坡长度
1.5m 左右,水平投影 1～1.2m,后墙高度≥1.8m。代表类型有:
冀优Ⅰ型日光温室(图 3-4)、冀优Ⅱ型日光温室(图 3-5)、冀优改
进型日光温室(图 3-6)、鞍山Ⅱ型日光温室(图 3-7)、瓦房店立窗
式日光温室(图 3-8)等。这种温室的透光率和土地利用率明显提
高,操作方便,是目前各地重点推广应用的日光温室。各地通过加

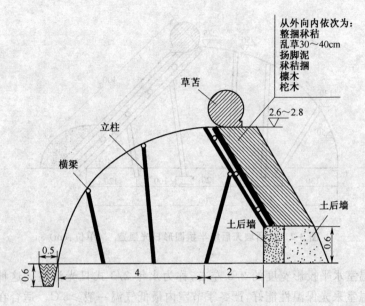

图 3-3　长后坡矮后墙半拱圆形日光温室　（单位:m）

厚墙体、采用异质复合墙体等保温措施,形成了各种结构的高效节能型日光温室。

(四)无后坡高后墙日光温室

无后坡日光温室造价低,但保温性较差,冬季多生产芹菜等比较耐寒的园艺作物,在早春、晚秋可生产番茄等喜温性园艺作物,该温室属于典型的春用型日光温室(图 3-9)。

三、连栋温室的类型和结构

连栋温室指两栋以上尖顶或拱圆形温室在屋檐处连接起来,去掉连接处的侧墙,加上檐沟(天沟)而成的大型温室。连栋温室中的单栋温室多为南北向,因此连栋温室的走向为南北走向。

连栋温室的主体结构以镀锌钢架和铝合金为骨架,以玻璃、塑

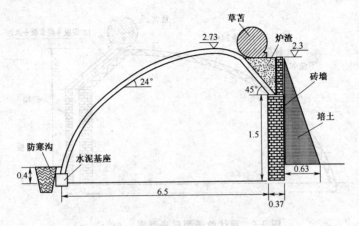

图 3-4 冀优Ⅰ型日光温室 （单位：m）

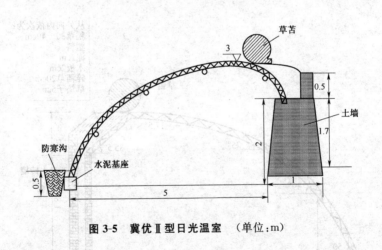

图 3-5 冀优Ⅱ型日光温室 （单位：m）

料薄膜或硬质塑料板为覆盖材料建成,有屋脊形和拱圆形等形式。
内部配置不同控制水平的配套环境调控系统,包括:自然通风系
统、加温与降温系统、幕帘系统、灌溉施肥系统、二氧化碳调节系
统、环流通风系统、病虫害控制系统、育苗床与精量播种系统(限育

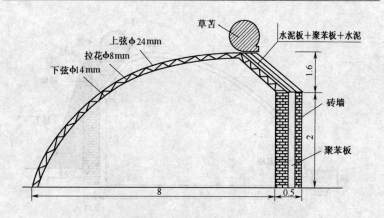

图 3-6　冀优改进型日光温室　（单位：m）

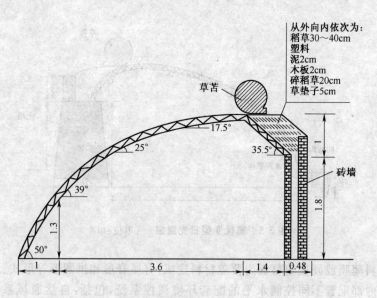

图 3-7　鞍山Ⅱ型日光温室　（单位：m）

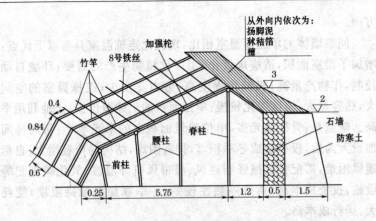

图 3-8　瓦房店立窗式日光温室　（单位：m）

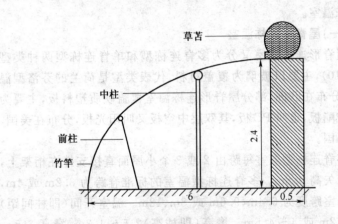

图 3-9　无后坡高后墙日光温室　（单位：m）

苗温室）、补光系统以及计算机自动控制系统等。这是一种集环境
工程、园艺、信息技术于一体,多功能的现代温室工程技术,以高投
入、高产出、高效益为特色,能持续地周年生产出高产优质无公害
的设施园艺产品,连栋温室已成为21世纪温室工程技术的发展

方向。

同带墙体的单屋面温室相比,现代化连栋温室具有以下优点:增加了温室面积,适应规模化、工厂化植物生产的需要;环境自动控制,作物产量高;机械化程度高,劳力支出少;连栋温室的空间大,热容量大,温度变化较慢;单位面积的土建造价少;土地利用率高。缺点是:骨架遮光多,单位建筑面积上的采光率小;每两栋间加设天沟后,极易造成冬季积雪,排雪困难,结构的荷载增大;自然通风困难,需配备机械强制通风、湿帘风机降温、二氧化碳施肥等设施,投资成本高;蓄热隔热性较差,冬季靠加温维持温度,能耗大,运行成本高。

按照屋面形状划分,连栋温室可分为屋脊形连栋温室和拱圆形连栋温室。

(一)屋脊形连栋温室

屋脊形连栋温室又分为多脊连栋型和单脊连栋型两种类型(图 3-10),主要以玻璃为覆盖材料,代表类型是荷兰的芬洛型温室,多分布在欧洲;部分屋脊形连栋温室覆盖硬质塑料板,主要为聚碳酸酯板,也叫 PC 板,其双层中空板又叫阳光板,分布在美国、日本等国。

多脊连栋型温室每跨由 2 或 3 个小屋面直接支撑在桁架上,小屋面矢高 0.8m。多脊连栋型温室的标准脊跨为 3.2m 或 4m,单栋温室跨度为 6.4m、9.6m 或 8m、12m。温室开间(即柱间距)3～3.12m 或 4～4.5m。檐高(即柱高)2.5～4.3m,脊高 3.5～4.95m,玻璃屋面角度 25°。通风窗宽 0.73～1.25m,长 1.65～2.14m。单脊连栋型温室的标准脊跨为 6.4m、8m、9.6m、12.8m。两种温室相比,在单栋跨度与高度相同的情况下,单脊连栋型温室的通风率大。各种型号的温室结构见表 3-1。

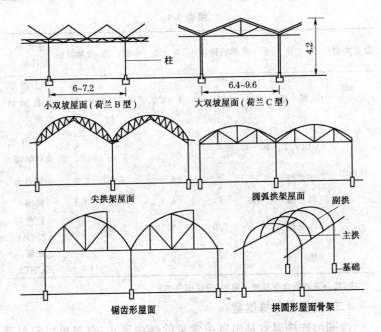

图 3-10 连栋温室屋面形状与结构 （单位:m）

表 3-1 现代化连栋温室的规格 （单位:m）

温室类型	型 号	长 度	单栋跨度	脊 高	肩 高	骨架间距	生产或设计单位
屋脊形	LBW63 型	30.3	6	3.92	2.38	3.03	上海农业机械研究所
	生产观光型	40	9.6	4.9	4	4	北京京鹏公司
	LHW 型	42	12	4.93	2.5	3	日本
	芬洛 A 型		3.2	3.05~4.95	2.5~4.3	3~4.5	荷兰
	芬洛 B 型		6.4	3.05~4.95	2.5~4.3	3~4.5	荷兰
	芬洛 C 型		9.6	4.2~4.95	2.5~4.3	3~4.5	荷兰

续表 3-1

温室类型	型 号	长 度	单栋跨度	脊 高	肩 高	骨架间距	生产或设计单位
拱圆形	GLW-6 型	30	6	4～4.5	2.5～3	3	上海农业机械研究所
	GLP732	30～42	7	5	3	3	浙江农业科学院
	华北型	33	8	4.5	2.8	3	中国农大
	韩国	48	7	4.3	2.5	2	韩国
	以色列		7.5	5.5	3.75	4	以色列 AZROM
	法国		8	5.4	4.2	5	法国 RICHEL

注:部分资料引自张福墁主编的《设施园艺学》

（二）拱圆形连栋温室

拱圆形连栋温室是温室中常见的结构形式,覆盖单层塑料薄膜或双层充气膜,主要在日本、法国、以色列、西班牙、美国、韩国等国家应用。我国设计使用的现代化温室多为拱圆形连栋温室(表3-1)。

拱圆形连栋温室的跨度 6.4～9m,开间 3～4m,檐高 3～3.5m,拱面矢高 1.5～1.2m。拱圆形连栋温室屋面覆盖薄膜,荷载较小,在降雪少的地区可大量减少结构安装件的数量,加大薄膜安装件的间距,如温室开间 4m 或 5m,拱杆间距 2m 或 2.5m。由于拱圆形连栋温室框架结构简单,用材少,因此建造成本比屋脊形连栋温室低。

（三）连栋温室的组成

连栋温室由主体结构和各种环境调控系统组成,环境调控系统包括降温系统、加温和保温系统、灌溉施肥系统、育苗及栽培系统、环境监测及自动控制系统、内循环系统、补光系统等。

1. 温室主体结构 连栋温室的主体结构由主体骨架和基础构成。

(1)主体骨架 连栋温室的主体骨架主要包括屋面拱架、柱、横梁、天沟水槽、墙体和门窗几部分(图3-11)。

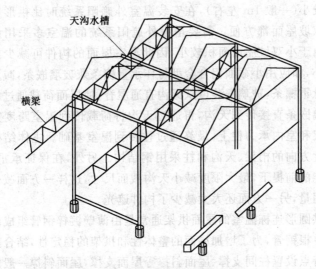

图3-11 芬洛型温室标准单元结构

①屋面拱架:屋脊形连栋温室的屋面骨架采用铝合金型材,外层用镀锌、铝和硅添加剂组成的复合材料,该构件耐腐蚀性强,强度高。屋面的结构有大双坡和小双坡两种形式,小双坡应用较多,荷兰新建的温室85%为小双坡屋面温室。屋脊形连栋温室屋面适合覆盖玻璃、PC板等硬质材料。

大双坡屋面结构利用三角形桁架作为承重构件。这种温室的优点是跨度较大,利于机械化管理。缺点是,由于屋面起坡的高度较高,室内空间较大,一方面不利于夏季的通风降温和冬季的采暖保温,另一方面屋面重心较高,不利于屋面的整体稳定,建造时需要增加大量的屋面支撑,相应增加了骨架的遮光面积。

小双坡屋面采用桁架结构为承重结构,这种温室的跨度较大,为 9.6～12m,利用大跨度、小双坡屋面降低了屋面的起坡高度,使室内空间不致过大,一方面减少了环境调控的负荷,另一方面室内空间的利用率较高。此外,由于屋脊和檐口(天沟水槽处)之间的高差较小(一般 1m 左右),在安装温室外遮阳系统时比拱形屋面和大双坡屋面都方便。需要增设外遮阳系统的温室多采用此类型。由于小双坡屋面面积较小,因此温室屋面的构件可减少或尺寸缩小,如应用小截面铝合金型材作承重檩条兼玻璃嵌条,减少中间的承重檩条,玻璃安装可从天沟直通屋脊,使屋面荷载通过铝合金玻璃嵌条直接传到天沟,再通过天沟将荷载传到温室跨度方向的桁架和室内承力柱上,最终通过柱传到温室基础。主体结构只有跨度方向的桁架、天沟和柱采用钢结构。另外,在保证承重、排水功能的前提下,最大限度减小天沟截面尺寸,这样一方面减少了钢材用量,另一方面还大大减少了构件遮光。

拱圆形连栋温室的屋面拱架通常是由薄壁镀锌钢管组成的桁架或单根钢管,为了增加屋面的整体性和拱架的稳定性,结合拱结构的特点设置柱间支撑、屋面斜撑等屋面支撑,屋面斜撑一般用圆钢管,柱间支撑采用圆钢筋或钢绞线形成剪刀撑。拱架有主、副拱结构,主拱为主要的承重结构,直接与温室柱连接,将屋面荷载通过柱传到基础。副拱结构较简单,一般直接连到天沟板上,主要作用是支撑塑料薄膜。拱架形式主要有两种:主拱和副拱间隔设置、两道主拱间设 3 道副拱。前者主要用于屋面不设压膜线的温室,后者则需要在每道拱间设一道压膜线,用于压紧薄膜。拱圆形屋面的形状有尖拱、圆弧拱、椭圆拱等,几种屋面相比,尖拱架屋面拱的矢高最高,能承受的雪荷载大,透光性能好,前屋面上不容易形成水兜,但尖拱形屋面能承受的风荷载比较小。

锯齿形屋面温室是最近发展起来的一种屋面结构形式。这种屋面的结构受力情况类似于拱圆形温室,由于延长了采光面,使更多的太阳辐射进入温室,加大了屋面通风窗的面积,其采光和通风性能均优于普通的拱圆形温室。

②柱:连栋温室的柱包括边柱和室内柱,边柱和室内柱常用的材料为经过热镀锌处理的矩形钢管和圆钢管等。

③横梁:用热镀锌的铝合金型材和钢管组成的桁架做横梁,桁架上下弦的距离约为30～50cm。多数横梁为东西向设置,沿跨度方向固定连接单栋温室,南北向每个开间设一道横梁,横梁与室内柱相邻(图3-11);少数横梁南北向设置,在天沟水槽下方固定。

④天沟水槽:天沟水槽的作用是连接单栋温室和收集、排放雨(雪)水,如果温室的覆盖材料为薄膜,卡槽也固定在天沟水槽上。天沟水槽的材料多为冷弯热镀锌薄壁钢板。天沟从温室中部向两端倾斜延伸,坡降多为0.25%～0.5%。天沟的结构(宽窄、深浅和倾斜度)设计应考虑温室长度和使用地区的降雨强度。

为防止冬季寒冷夜晚覆盖物内表面形成的冷凝水滴到作物上,进而增加室内空气湿度,通常在水槽的下面还安装有冷凝水回收槽(也叫集露槽),将冷凝水收集后排到地面,也可以把冷凝水回收槽同雨水回收管连接,把冷凝水排到室外。冷凝水回收槽截面多为半圆形,采用铝合金材料,或采用不容易变形的镀锌钢板,做成体积面积更大的"几"形结构冷凝水回收槽。

⑤围墙和门窗:连栋温室的四周围墙均可透光,由侧墙钢骨架和透明覆盖物组成。为了提高侧墙下部的保温性能,大型的连栋温室侧墙下部均设置了60～90cm高的砖墙,部分温室甚至将北侧墙全部建成双层中空的砖墙,这样既不影响采光,又减少了投资,增加了温室的保温性。北墙采用中空墙体的温室,在湿帘洞口的上下和北墙的弧顶设一道圈梁,在湿帘洞口的两侧及天沟处设置钢筋混凝土构造柱,通过构造柱和圈梁保证北墙的整体性和承重力。

连栋温室多在温室的南侧或北侧留门,多采用铝合金型材。温室的屋顶通常设置天窗,东西侧墙可设侧窗。覆盖玻璃或 PC 板的温室,侧窗设置为手动推拉式或电动开启式,天窗设为开启式,材料为铝合金或塑钢。覆盖塑料薄膜的温室侧窗和天窗均采用卷膜式,侧墙和 1/2 屋面的薄膜均可通过卷膜装置全部卷起通风透气。覆盖双层充气膜的温室通常只设置侧窗,多为双层充气卷帘窗。

(2)基础 温室基础包括柱基础和围墙基础。

柱基础多采用钢筋混凝土,有中柱基础和边柱基础。温室柱基础和柱的连接有焊接和铰接两种方式。焊接连接需要在钢筋混凝土基础中预埋钢板,进行钢柱的根部焊接,再用二期混凝土包裹焊接部位,以提高连接的稳定性和柱根部的抗锈蚀性;铰接连接采用预埋螺栓的方法,在柱基础顶面预埋两根螺栓,制作柱时在其下端焊接一块法兰板(法兰是管道与管道或管件之间的连接盘,用螺栓固定。有孔的圆板称为法兰,法兰间用衬垫密封),板上预留螺栓孔,直接用螺栓连接安装柱。两种连接方式见图 3-12。

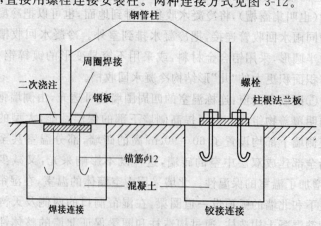

图 3-12　中柱基础与连接详图

中柱基础多采用独立钢筋混凝土柱基础。基础埋置深度60cm,如耕土层厚度超过60cm则埋深为耕层深度。一般基础底面面积不小于60cm×60cm。

由于边柱根部的应力小于室内中柱,所以一般不需要做独立基础,通常在每根边柱的下面设置一个构造柱,并在砖墙的顶部浇注钢筋混凝土压顶(压顶的宽度同墙宽,厚度12～24cm,纵向配筋φ12,箍筋φ6mm)(图3-13),这个压顶既可以为边柱提供足够的支座反力,也便于在侧墙上设置侧窗安装所需要的埋件。构造柱是指在多层砌体房屋墙体规定部位,按构造配筋,并按先砌墙后浇灌混凝土柱的施工顺序制成的混凝土柱,全称为混凝土构造柱。构造柱只承受竖向力,不承受水平力或弯矩。温室构造柱断面多为24cm×24cm,纵向配筋φ14mm,箍筋φ6mm。

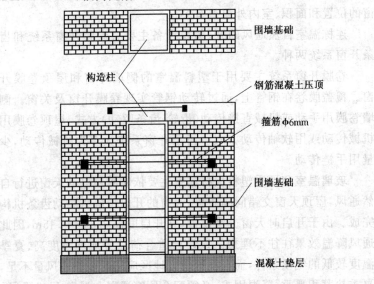

图3-13 围墙基础、构造柱平面和剖面示意图

温室四周围墙下部都设置砖基础,基础的厚度不同地区存在差异,如华北地区 37cm,东北地区 49cm,华东和华南地区 24cm,围墙砖基础的适宜埋置深度为 60cm,为耕土层厚度和冻土层厚度二者中的最大值。砖基础底面的宽度≥60cm。砖基础采用混凝土垫层,并在边柱对应位置设置钢筋混凝土构造柱。此外,由于温室内有很多环境控制系统,如采暖系统、灌溉系统等,为了便于这些系统的管道与外部管网连接,温室围墙基础上还需要预留孔洞。

2. 降温系统　　连栋温室的降温系统由自然通风、机械通风、遮光、喷雾降温等系统组成。

(1)自然通风降温系统　　借助风压和热压促使空气流动的通风方式为自然通风。温室的自然通风是通过设置在四周的侧窗和上部天窗实现的。温室自然通风的通风量与室外风速、风向、通风窗的位置和面积、室内外温差有关。

连栋温室自然通风的开、关窗设备主要有卷膜开窗系统和齿条开窗系统两种。

卷膜开窗系统主要用于塑料温室的侧墙开窗和屋顶卷膜开窗。覆盖膜卷在钢管上,通过转动钢管实现卷膜开窗及关窗。侧墙卷膜用手动或机械直接传动(齿轮-齿条驱动)方式,屋顶卷膜用机械传动或用软轴传动方式。齿条开窗系统大多为机械传动,少量用手链传动。

玻璃温室和硬质塑料板材温室主要依靠屋顶电动天窗进行自然通风,屋顶天窗交错间隔布置,天窗的开启由电机驱动齿条机构完成。由于开启时天窗交错设置,且开启度仅 0.34~0.45m,因此通风降温效果往往不理想。该设计适合荷兰等地理纬度高、夏季温度较低的气候条件,而在我国南方地区应用时往往通风量不足,夏季热蓄积严重,降温困难,必须配合侧窗通风和湿帘-风机降温。

屋顶全升启温室是近年来推出的新型全开放型温室,目前有两种类型,一种是覆盖硬质塑料板材和玻璃的屋脊形屋顶全升启连栋温室,其结构与芬洛型类似,但是打破了传统的温室顶部固定的方式,以天沟檐部为支点,从屋脊部打开天窗,开启度可接近垂直程度,即整个屋面的开启度可从完全封闭直到全部开放状态,侧墙采用推拉式,全部开启时高 1.5m。另一种是覆盖塑料薄膜的屋顶平拉膜温室,为双层活动屋面温室,该温室的屋顶和侧墙可通过塑料卷膜或可折叠式膜的开启实现完全开敞和封闭。屋顶全升启温室的屋顶可依室内温度、降水量和风速,通过电脑智能控制自动启闭,通风换气比接近 100%,夏季降温效果明显,节能 32%左右。由于垂直屋面光线折射,屋顶全升启温室中午的室内光强有可能超过室外;该温室便于夏季接受雨水淋洗,防止土壤盐类积聚。

普通连栋温室规模大,冬季保温性虽好,但夏季温室中部热蓄积严重。目前引进的美国、荷兰等高档温室规模都在 $3hm^2$,甚至 $10hm^2$,在我国南方亚热带地区夏季不得不进行换茬休闲,避开室内的异常高温。为了保证自然通风的降温效果,在温室建造规模上不宜太大,长度控制在 50m 以内,连栋数 3～4 栋为宜。

(2)机械通风降温系统 利用水的蒸发降温原理实现降温目的。特制的疏水湿帘能确保水均匀地淋湿整个降温湿帘墙,空气穿透湿帘介质时,与湿润介质表面的水气进行热交换,实现对空气的加湿与降温。

机械通风降温系统即湿帘-风机系统。湿帘-风机系统由湿帘、轴流风机、循环水系统和控制装置组成,采用负压纵向通风方式,是目前最为成熟的蒸发降温系统。风机和湿帘分别安装在温室南北相对的墙面上(图 3-14)。当风机抽风时,温室内产生负压,将对面室外不饱和空气抽吸进入布满冷却水的疏水湿帘纸,湿帘内的冷却水蒸发,即由液态转化成气态的水分子,吸收空气中大量的热能从而使空气温度迅速下降,与室内的热空气混合后,通过负压风机排出室外,实现对空气的加湿与降温。其蒸发降温效率一般可达到75%～90%,通风阻力约为 10～40Pa。机械通风降温系统降温效果明显,但是运行过程中能耗较高。在有些地区,温室用于夏季降温的能耗达到生产成本的 30%～40%,给夏季温室的生产经营带来很大的困难。

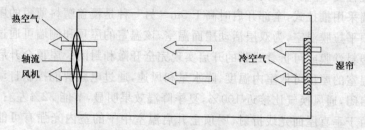

图 3-14   湿帘-风机系统的设置

(3)遮阳降温系统   连栋温室的遮阳降温系统由内外遮阳降温系统组成,覆盖材料为黑色遮阳网、银色遮阳网、缀铝条遮阳网、镀铝膜遮阳网等。

外遮阳网安装在温室上方的遮阳骨架上,距屋脊 0.4m,用拉幕机构或卷膜机构带动遮阳网,手动控制或电动控制。外遮阳降温效果好,各种遮阳材料的效果相近,一般遮光率 50%,使室内温度下降 3℃～8℃。外遮阳对设备要求较高,建造遮阳骨架需要消耗一定钢材。

内遮阳将遮阳网直接安装在温室内,在温室骨架上拉结金属或塑料网线作为支撑系统,遮阳网安装在支撑系统上,造价比外遮阳低。采用电动控制,或电动加手动控制。内遮阳的降温效果不如外遮阳,且内遮阳只有在顶窗通风条件较好的情况下才可以发挥降温作用。不同材料因反射能力不同而降温效果差异较大,缀铝条遮阳网的效果最好。内遮阳通常与室内保温幕交替使用,夏季使用遮阳网,冬季换成保温幕。

此外,玻璃屋面喷白在夏季少雨地区也是一种简易低成本的遮光降温方法。

(4)喷雾降温   喷雾降温有室内喷雾和室外屋顶喷雾(喷水)

两种方式。

喷雾降温是直接将水以雾状形式(直径 20μm 以下的雾滴)喷在温室空中,雾粒在空气中直接汽化,吸收热量降低室温。其降温速度快,蒸发速率高,温度分布均匀,是很好的蒸发降温方式。通常采取间歇式喷雾,喷雾 10~30 秒,停止 3 分钟,防止由于连续喷雾达到湿热平衡而影响降温效果,并同时配套强制通风。这种方式降温效果好,但整个系统较复杂,对设备要求高;喷雾增加室内空气湿度,不适合在设施蔬菜生产上应用。

在室外屋顶遮阳网上方进行屋顶喷淋是玻璃温室屋面降温的一种方式,与室内喷雾或喷淋等降温措施不同,室外屋顶喷淋的蒸发降温过程是在温室外部进行的,在喷淋系统启动后,首先使遮阳网下的空气温度因水分蒸发而降低,随后通过与室内空气的对流交换,最终使温室内的空气温度降低。屋顶的喷淋器安装在遮阳网上方,采用 PVC 管每跨格安排一条分流管线供水,沿分流管线每 9m 安装一支喷淋器。喷淋器的喷水能力为 5L/分钟,喷淋范围直径为 17m,喷淋系统的管路压力小于 0.13MPa。屋顶喷淋的优点是系统简单,成本低廉,但耗水量大,屋面易结垢,清洗麻烦。

大型连栋温室夏季自然通风降温效果差,而机械通风降温成本较高,采用自然通风并结合外遮阳网、室外屋顶喷淋降温措施可达到较理想的降温效果,是目前夏季比较节能的降温方式。

连栋温室采用控温仪实现温度的自动控制,当室内温度达到通风的设定温度上限时,通风窗电机开启运行,打开天窗和侧窗,进行自然通风,运行中,如温度未降到规定范围,则再次启动电机,加大天窗和侧窗开度。如自然通风不能达到降温要求,控温仪会依次启动遮荫系统、风机-湿帘系统或喷雾降温系统进行降温。在温室内温度低于设定温度下限时,控温仪将按照与上述操作相反的方向依次关闭各降温系统,使温度上升。

3. 加温、保温系统

（1）加温系统　在我国北方，连栋温室冬季必须加温才能进行园艺作物生产。连栋温室的加温系统按照加温媒介的不同分为热水采暖系统、热风采暖系统、电热采暖系统和地中热交换系统四种。

①热水采暖系统：热水采暖系统是由热水锅炉、供热管道和散热设备三个基本部分组成。锅炉将水加热后用水泵加压，热水通过加热管道供给在温室内均匀安装的散热器，再通过散热器对室内空气进行加温。整个系统为循环系统，冷却后的水重新回到锅炉加热再循环。

热水采暖系统运行稳定可靠，加温成本较低，是目前大型连栋温室和温室群最常用的采暖方式。但系统设备复杂，造价高，一次性投资较大。系统中的锅炉和供热管道采用目前通用的工业和民建产品，散热器一般使用热镀锌钢制圆翼散热器。

热水采暖系统还有地中加热的加温方式，即不安装散热器，直接将热水管道埋设于地表土壤中，直接对土壤进行加热，然后再通过辐射或传导对室内空气进行加热。地中加热方式直接加热了作物生长的区域，同时土壤还具有较强的蓄热功能，因此比起散热器来更加节能。地中加热管道一般采用特殊的塑料管材，有时也用钢管。

②热风采暖系统：热风采暖系统由热源、空气换热器、风机和送风管道组成，由热源提供的热量加热空气换热器，用风机强迫温室内的部分空气流过换热器，当空气被加热后进入温室内流动，如此不断循环，加热整个温室内的空气。热风系统的送气管道由开孔的聚乙烯薄膜或布制成，沿温室长度方向布置，开孔的间距和位置需计算确定，一般情况下，距热源越远处孔距越密。

热风采暖系统的优点是：加温时温室内温度分布比较均匀，热惰性小，易于实现温度调节，且整个设备投资较低。但运行费用较高。热风采暖在占地面积较小的温室中较为常见。

③电热采暖：电热采暖系统是利用电能直接对温室加温的一种方式。一般做法是将电热线埋在地下，通过电热线提高地温。在营养液循环栽培条件下应用营养液电加温采暖，即把电热线直接放入营养液池，提高作物根际温度。电热采暖在没有常设加温设备的南方温室中采用较多，主要用于育苗温室，只适宜作短期使用。

④地中热交换系统：系统由风机、风道、蓄放热管道与控制装置组成。晚秋与早春季节，系统运行时将白天温室多余的太阳能，通过地中热交换管道贮存于地下土壤中；晚间土壤温度高于室内空气温度，又将白天贮存的热量释放出来补充温室加温。一般在室外－5℃以下不加温条件下，利用双层充气及严密保温措施，室内外可维持6℃～7℃温差。加上地中热交换时，室内外温差达到12℃～13℃水平，较单层薄膜、无地中热交换的连栋塑料温室节能40％～45％。地中热交换方式是最节能的加温方式，但前期设备投入较大。

温室的热源装置可分为燃油式、燃气式、燃煤式和电加热器四种。其中燃气式设备最为简单，造价最低，但气源容易受到限制；燃油式的设备也比较简单，操作方便，可以实现较好的自动化控制，但燃油式设备运行费用比较高，要得到相同的热值比燃煤的费用高3倍左右。燃油、燃气式加热装置一般也安装在室内，但由于其燃烧后的气体含有大量对作物有害的成分，废气必须排放在室外；燃煤式设备费用最高，因为占地面积大，土建费用也往往较高，但设备运行费用在三种设备中是最低的；燃煤式设备在使用中也不易保持清洁，一般安装在温室外部。

温室采暖费用是决定温室运行成本的重要因素，采暖设备和采暖方式的选用很大程度上影响着温室投资、运行成本和以后的经济效益，因此在温室设计阶段就应该慎重考虑，科学合理地选择。一般来说,在北方地区,由于冬季加温时间长,采用燃煤热水锅炉较为可靠,但需要较高的一次性投资;南方地区加温时间短,热负荷低,采用热风采暖经济合算。

(2)保温系统　保温系统由透明覆盖材料和保温幕组成。不同透明覆盖材料的保温效果存在较大差异,为了提高温室的保温性,应尽量选择保温性较好的双层充气塑料薄膜、中空玻璃、中空PC 板等透明覆盖材料。

保温幕通常设置在室内,在冬季有反射室内红外线,防止其外逸的作用,减少热量散失,从而提高室内温度,降低能耗,降低冬季运行成本。内层保温幕通常采用无纺布、铝箔反射型内保温幕等,可设置 1~3 层,内层保温幕通常设置在复合的上弦、下弦上,有跨度间启闭、开间间启闭两种拉幕方式。其中跨度间启闭的拉幕方式利于保温,白天保温幕收起时,聚拢在天沟下,不会对作物产生遮荫。此外,保温幕固定在天沟下,可以完全消除幕间缝隙,从而显著提高温室的保温性能。在生产作物对遮荫要求不太高的情况下,采用开间间拉幕方式也是常见的拉幕方式,但在合拢保温幕时一定要注意幕间密封。此外,在保温幕与山墙和侧墙的交接处,应设置固定的幕带,以实现活动保温幕与墙体的紧密结合,消除保温幕与墙体之间的缝隙,在经济可行的条件下,最好让幕布直接垂到地面,形成封闭的保温体系。

由于无纺布是疏松的织物层,有透光、透气、透水和吸湿的作用,用无纺布作温室内保温幕材料,节能率 20%~50%,且可降低温室内的湿度,起到防病作用。然而,无纺布吸湿性强,易粘灰尘,长时间使用后,保温幕重量增加,难以开启,黏结的灰尘还影响幕的透光性能和外表美观。国产遮阳网主要有黑色和银灰色两种,遮荫率 20%~70%,保温能力较弱,节能率为 10%~20%。目前,世界各国的大型温室多采用缀铝箔的反射型遮阳保温幕。由于铝箔的高反射、低发射辐射性质,反射型遮阳保温幕既可起到夏季遮阳降温,又能起到冬季节能保温的作用。根据铝箔面积的多少,反射型遮阳保温幕遮荫率 20%～99%,节能率20%～70%。

4. 灌溉施肥系统　连栋温室内主要采用滴灌和微喷灌两种节水灌溉技术灌溉施肥,定时、定量配水施肥,由中央控制系统控制。其中蔬菜采用滴灌技术,花卉、苗木、无土栽培植物和观赏植物通常采用微喷灌技术。灌溉施肥系统由水源、首部枢纽、输配水管网和灌水器等四部分组成。首部枢纽由水泵、动力机、控制阀门、过滤装置、施肥装置、测量和保护设备组成。灌水器有滴头、微喷头、滴灌带、滴灌管和多孔管道等多种类型。

5. 育苗及栽培设施　育苗温室有移动式育苗床、精量播种系统(包括电动传送机、多功能传送带、电动蛭石覆盖机、滚轴式冲穴器、灌溉设备、针式播种机、穴盘填土设备等)、移动喷灌等设施。栽培温室有普通水培系统(包括底槽、底槽堵头、定植盖板、黑膜或无纺布、供液系统、回液系统等设备)、斜插式墙体无土栽培系统(包括栽培墙体、插植杯、无纺布或海绵等基质材料、支撑骨架和螺栓等固定配件、供液系统、回液系统等)、可移动式管道无土栽培系统(包括栽培管道、定植杯、栽培管固定架、供液系统、回液系统等)、滴喷灌等生产设备,还有熏蒸系统等土壤处理设备、用于喷淋灌溉的净水设备等。

6. 内循环系统　为了增加温室内空气的流通速度,以提高空气均匀度,增加温度和湿度的均匀性,在连栋温室内设置内循环环流风机。环流风机还可以促使二氧化碳分布均匀,结合通风窗开启,能降低空气湿度,减少流滴现象,改善温室的通气性,促进作物生长。环流风机多固定在横梁上,每 $200m^2$ 设 1 台,东西向排列,每跨温室固定 1 个。

7. 补光系统　在阴雨季节和冬季,光照度不足时进行人工补光。通过配电装置,调节人工光源的光照度。目前,温室补光设备主要有农用钠灯、稀土节能补光灯、生物效应灯、荧光灯、水银灯、卤化金属灯、钠蒸气灯、白炽灯等。其中农用生物钠灯是最常用的补光灯。补光灯通常固定在横梁上，每 $100m^2$ 设 1 盏农用生物钠灯。

8. 环境监测及自动控制系统 温室环境自动控制系统是应用计算机对温度、湿度、光照度、二氧化碳浓度及肥水等环境因子的执行机构进行自动控制的由一系列硬件和软件组成的装备系统。温室环境自动控制系统包括三个功能区：环境监测子系统、信号处理及控制子系统和执行机构子系统。温室环境监测系统是温室环境控制系统的感觉器官，实时地为控制系统采集温室内外的有关参数，包括温湿度传感器、光照度传感器、pH 计和 EC 计等仪器仪表。信号处理及控制子系统的核心是计算机，系统根据输入设备送来的实时采集的被控过程的各种信息，按设定的控制算法，进行处理和运算，做出决策，发出控制信号，通过输出设备进行控制。执行机构子系统主要有天窗、喷淋、风扇、遮阳网、补光灯、二氧化碳气源、营养液供应装置等部分。

第二节 日光温室的设计基础

由于日光温室的基本能源来自太阳，且主要在严寒的冬季使用，因此日光温室设计的核心是充分采光和严密保温，白天让尽可能多的太阳光进入室内，并蓄积起来，夜间尽可能减少室内热量流出温室，使室内维持一定的温度水平。

一、日光温室的采光设计

阳光是作物在日光温室中进行光合作用的惟一光源，也是日光温室冬季运行的主要能量来源，因此日光温室设计首先要考虑的问题就是最大限度地合理利用自然光。近年来，我国日光温室已从北纬 32°发展到了北纬 47°地区，推广面积达 8.1 万公顷。由

第三章 温 室

于日光温室运行的冬季正是北方光照资源贫乏、气候最寒冷的季节,虽然严密的保温和临时加温设施可以改善温度条件,但是光照不足往往成为影响作物正常生长的重要因素,而人工补光成本太高。因此,根据各地的自然条件进行合理的温室设计,使作物在冬季获得最大光量,成为日光温室设计的主要任务。在实际设计中,在保证作物生产必需的采光性能前提下,还需考虑使温室的性能与价格比达到最大。

(一)太阳辐射的特点、作用和日光温室设计的光照指标

1. 太阳辐射的特点和作用 太阳光一般称为太阳辐射。到达地面的太阳辐射波长范围为 $0.3\sim2\mu m$,$0.5\mu m$ 处能量最高。在太阳辐射中,波长 $0.38\mu m$ 以下的为紫外线,占太阳辐射总能量的 $1\%\sim2\%$。$0.38\sim0.76\mu m$ 的叫可见光,占太阳辐射总能量的 $45\%\sim50\%$;其中波长 $0.40\sim0.70\mu m$ 的部分是植物光合作用利用的主要能量,称为光合有效辐射;$0.70\sim0.76\mu m$ 的部分为远红光。$0.76\mu m$ 以上的是红外线,也叫长波辐射或热辐射。各种波长的光对植物光形态建成的作用见表 3-2。

表 3-2 光照在植物光形态建成中的作用

光形态建成	光照的作用
茎叶伸长生长	红色光(600~700nm)与近红外光(700~800nm)的比值大趋向矮化;比值小趋向伸长
花、果着色	紫外光照射(280~400nm)或紫外光+红外光促进花色素形成,促进着色
种子发芽	红光促进发芽,远红外光抑制发芽
茎的屈光性	370~470nm 波长的光影响茎的生长方向
花芽形成	短日照或长日照促进花芽形成
落叶、冬芽形成等休眠诱导	短日照

太阳高度角简称太阳高度,对于地球上的某个地点,太阳高度是指太阳光的入射方向和地平面之间的夹角。太阳高度是决定地球表面获得太阳热能数量的最重要的因素。在自然条件下,太阳

高度角随着季节、地理纬度和时刻的不同而变化。随着太阳高度角的加大,紫外线、蓝光、绿光、黄光的含量相对增多,而红光和红外光的含量相对较少。这种变化只在太阳高度角在 20°以下时才比较明显。另外,紫外线光通量还与海拔高度有关,海拔越高,紫外线光通量越大。

2. 日光温室设计的光照指标　作物生长的光照条件包括光照强度、光照时数和光照质量(光谱分布)等,其中光照质量主要取决于大气成分和温室透明覆盖材料的特性,相对稳定,故温室设计的主要光照指标主要为光照强度和光照时数。

虽然不同栽培作物对光照时数和光强的要求不同,但日光温室设计主要以喜光作物为生产对象,喜光作物一般光补偿点都在 3 000~4 000lx,而光饱和点多在 4 万 lx 以上,如黄瓜光饱和点为 5 万 lx,在 2 万 lx 以下生育迟缓,1 万 lx 以下停止发育,最适光照为 4 万~6 万 lx,对光照比较敏感的番茄其光饱和点在 6 万 lx 以上,一般光照要求在 3 万~3.5 万 lx,低于 1 万 lx 则产生花器异常,开花结果不良,出现徒长并造成落花、落果现象。显然,在冬季日光温室中要达到上述作物的适宜光照强度较困难,但只要能保证 2 万 lx 以上的光照,喜光作物就可安全生产,为保持一定的产量,日光温室采光设计指标为:大于光补偿点 4 000lx 的 6 小时的光照,累计平均光照强度不低于 2 万 lx。

(二)影响日光温室光照度的因素

日光温室内的光照度受太阳光照度影响最大。不同纬度地区的太阳辐射存在明显差异,此外,由于各地大气透明度不同,因此到达地面的太阳光照度地区间差异也很大。一年中不同季节的太阳辐射差异很大,夏季太阳辐射最强,冬季太阳辐射最弱。晴天的太阳光照度远远大于阴天。

在温室的结构中,影响日光温室透明屋面采光的因素主要有温室方位和前屋面采光角,后屋面的长度与仰角和建材遮荫也影响日光温室内的光照强度。

日光温室的透光率与透明覆盖物的材料性质即薄膜种类和薄膜表面的污染程度有关。薄膜表面的污染与薄膜的老化程度、大气成分、薄膜种类、不透明保温覆盖物种类等多种因素有关,计算时难以准确规定,工程中常用 5%～10% 的修正值来加以考虑。此外,经常清扫薄膜可增加日光温室的透光率,揭盖草苫的早晚等管理措施影响温室每天的采光时间。

(三)日光温室的结构设计

在一年中光照最弱,太阳高度角最小的时间是冬至,而冬至日前后又是冬季生产的关键时期,所以采光设计应以冬至日的太阳高度为参数。当冬至日温室光照符合作物要求时,其他时日就没有问题了。太阳光透入温室的多少,与温室的方位角、前屋面采光角、后屋面仰角有关。

1. 日光温室方位的设计 温室的方位指温室屋脊的走向。日光温室仅靠向阳面采光,东西山墙和后墙都不透光,所以一般都是坐北朝南、东西延长,采光面朝向正南以充分采光。

日光温室冬季的主要生产时期在立冬到立春之间,由于此时天气寒冷,一般在生产中是下午 5 时盖苫保温,上午 9 时揭苫见光,冬至前后草苫的揭盖多在早晨 10 时前后和下午 4 时前后,温室内的采光时间有限,在方位设计上应尽可能增加采光时数。

采光量最大时的温室方位与上、下午的采光时间有关。以当地太阳起落时间为准,当上午比下午采光时间长时,方位应为南偏东 5°～10°(称为抢阳);当下午比上午采光时间长时,方位应为南偏西 5°～10°(称为抢阴),每偏西 1°可延长光照时间 15 分钟。采光屋面偏东时,一日内采光量最大的时刻在正午之前;采光屋面偏西时,在正午之后采光量最大;一日内采光量最大的时刻偏离正午的具体时间随方位角和屋面角度的增加而增加。日光温室前屋面朝向正南,中午太阳光与前屋面垂直,南偏东 5°提前 20 分钟垂直,南偏西 5°延晚 20 分钟垂直。

北方有些地区如新疆冬季阴天多、晨雾大、气温低,温室不能在日出时立即揭苫见光,所以可根据各地纬度和揭苫时间确定南偏西 5°~10°。适当偏西倾斜可使温室充分利用中午到下午这个时段的直射光;同时,这样也可避免与季候风垂直而增加散热,使温室在夜间保持较高的温度。北方大部分地区的冬用型温室可设计为抢阴温室。如辽宁地理纬度在 40°~43°之间,以正南至南偏西 5°为宜。

冬季不太寒冷而且大雾不多的地区,日光温室的方位可偏东 5°~10°,以充分利用上午的弱光,上午光质好,有利于作物的光合作用。春用型日光温室可设计为抢阳温室。

这里的南、北指用罗盘仪或指南针测定出的方向并扣除当地的磁偏角(表 3-3)。

2. 日光温室前屋面采光角(α)的设计 确定合理的前屋面采光角度是日光温室设计中的关键。前屋面采光角指前屋面与水平面的夹角,半拱圆日光温室的前屋面采光角主要指前屋面中部曲面切线与水平面的夹角。

太阳直射光、散射光和反射光,均可透过覆盖塑料薄膜的采光面进入日光温室,散射光和反射光无方向性,只有光辐射中占主要份额的直射光和入射角度有关。日光温室前屋面采光角的设计原则为保证直射光的透过量最大。

(1)前屋面角度和形状对采光的影响 与水平地面相比,随着屋面角度的增加,整个屋面的采光量迅速增加。前屋面角度在 0°~35°范围内,角度与采光量之间呈近似的直线关系;至 35°,采光量正好是同面积水平地面的 2 倍;角度大于 35°时,采光量的增加幅度明显降低;采光量最大的角度在 65°左右,约为同面积水平地面的 2.3 倍;此后随着前屋面角度的继续增加,采光量逐渐减少。

表 3-3 我国部分地区的磁偏角

地 区	磁偏角	地 区	磁偏角
长 春	8°42′	齐齐哈尔	9°31′
满洲里	8°40′	哈尔滨	9°23′
沈 阳	7°30′	大 连	6°15′
包 头	3°46′	北 京	5°57′
兰 州	1°44′	天 津	5°09′
玉 门	0°01′	济 南	4°47′
西 宁	1°22′	呼和浩特	4°36′
许 昌	3°40′	徐 州	4°12′
郑 州	3°50′	西 安	2°11′
承 德	5°57′	太 原	3°51′
银 川	2°53′	拉 萨	0°21′
保 定	4°43′	南 京	2°55′
漠 河	11°00′		

　　在常见的日光温室中,一面坡日光温室所获得的辐射量较大,但一面坡温室前部空间小,不适宜高棵作物生产和温室农艺操作。考虑方便操作,易于建筑和保温能力等因素,日光温室前屋面大多采用曲面或一斜一立式。实践证明,半拱形曲面日光温室(图 3-15)优于一斜一立式,因为在相同参数情况下,半拱形温室的采光性能优于一斜一立式。同时,由于一斜一立式温室前屋面呈直线,塑料薄膜不易绷紧,常随风鼓动而影响使用寿命;其骨架前半部又较矮,影响作业;加之抗风和抗雪压能力差,易变形。因此,设计建造日光温室时应首先选择半拱形屋面。

　　半拱形屋面可采用椭圆、双曲线、半圆、对数曲线、抛物线等各种形式。对各种曲面形式进行日光温室采光总量的数学模拟计算

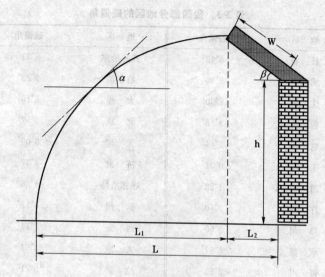

图 3-15 半拱形屋面温室示意图

研究表明：当采光屋面的最高点高度 H（即图 3-15 中的脊高）和其水平投影的长度 L_1 固定后，不论屋面形状怎样变化，采光总量都是相等的。采光量的多少由前屋面角 α 决定，这是半拱形温室前屋面形状设计的基础。

(2)前屋面采光角的设计依据　太阳光透过塑料薄膜进入温室内的光强为透过率（或用温室内光强与外界自然光强之比表示）。太阳辐射照射到薄膜上大部分透过薄膜进入温室，少部分被薄膜吸收和反射掉。垂直照射采光面的直射光透过率最大，由于太阳高度角随时在变，光线不可能总是垂直照射到采光面上。然而由于日光温室采光面是由塑料薄膜所覆盖，而透明塑料薄膜对直射光的透过率与光线的入射角并不呈单调线性关系：如图 3-16所示，当入射角在 0°～40°范围内时，透过率与光垂直入射时的透过率相差不大；而入射角在 40°～45°时，透过率减弱的程度也较小;只有入射角大于 45°时,透过率才明显减少;当入射角大于 60°时,透过率急剧减小。这一特性为日光温室前屋面采光角的设计提供了依据。

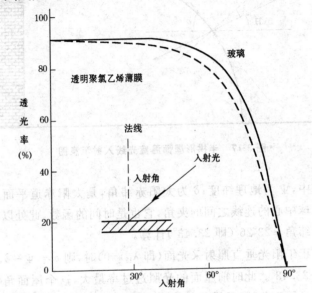

图 3-16 直射光的透过率与光线的入射角的关系

(3)前屋面采光角的计算公式 前屋面采光角的设计以地理纬度和冬至时的太阳高度角为依据。从图 3-17 可以看出,在半拱形屋面上任意一点的屋面角(该点切线与水平线的夹角)与当地太阳高度角(H°)和入射角(λ)三者的和为 90°,因此:

α = 90°−H°−λ

把正午太阳高度角计算公式 H° = 90°−Ψ+δ 带入上式,得到公式:

α = Ψ−δ−λ

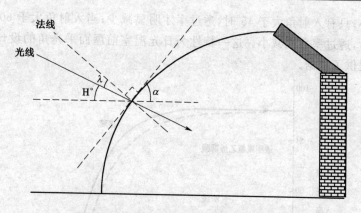

图 3-17　半拱形屋面温室光线入射示意图

其中,Ψ为地理纬度;δ为太阳赤纬角,是太阳赤道平面与太阳和地球中心的连线之间的夹角,它也是时间的函数,此处以冬至日的赤纬角-23°26′(即 23.43°)计算。

当正午阳光垂直照射采光面(即 $\lambda_{12}=0$)时,则 $\alpha=\Psi-\delta$,即 $\alpha=\Psi+23.43°$。此时前屋面的光照透过率最大,这个屋面角称为理想采光屋面角,但是满足理想采光屋面角度 Ψ+23.43°的温室脊高应达到 $H=L_1\times tg\alpha$,这样过高的脊高在结构上是不合理的。

当阳光非垂直入射采光屋面时,则 $\alpha=\Psi-\delta-\lambda$,即 $\alpha=\Psi-\lambda+23.43°$。依据塑料薄膜的光透过特性,当 $\lambda\leqslant40°$时,光照透过量与垂直入射时相差不大,也就是说,$\alpha=\Psi-40°+23.43°$,即 $\alpha=\Psi-16.57°$ 就能较好地满足光照设计要求。我们把按照 $\alpha=\Psi-16.57°$设计的屋面角称为合理采光屋面角,早期温室按此设计的较多,屋面角符合 $\alpha=\Psi-16.57°$的温室称为第一代节能日光温室。如 1985 年瓦房店冬季生产黄瓜获得成功的日光温室,前屋面采光角从原先日光温室的 20°提高到 23.5°,其冬至日中午的光线入射角 λ_{12} 为 40°。

第一代节能日光温室起源于辽南地区,当地冬季日照率高,在加强保温的前提下,只要采用合理采光屋面角就能满足设计要求。这种结构的温室可在低纬度地区正常运行,但是在中低纬度地区和高纬度地区,按照此理论设计的日光温室性能却显著下降。主要原因是,对于温室生产来说,仅能保证冬至日正午能达到较好的光照条件是不够的。经过多年的实践证明,在正常年份,日照百分率高的地区喜温作物可以安全越冬,日照百分率低的地区或天气反常时会出现问题。为此,全国日光温室协作网专家组经研究讨论,又提出合理采光时段屋面角的理论:设计原则是保证温室冬至日有 4 小时以上较好的光照条件。即 10~14 时光线入射角(λ_{10})小于 40°。具体计算公式为:$\alpha = \Psi - 6.5°$。考虑到高纬度地区保温等因素,入射角可加大 3°~4°,如林维申提出内蒙古等高寒地区第三代日光温室前屋面采光角计算公式:$\alpha = 30° + (\Psi - 40°) \times 0.2$,可使前屋面角达到 30°~31°。这样,在北纬 32°至北纬 43°地区,合理采光时段屋面角比合理采光屋面角大 10.69°~11.24°。按照合理采光时段理论设计屋面角的温室称为第二代节能日光温室。

对于高纬度地区,第二代节能日光温室的脊高会很高,这就为结构设计又带来了不便。为此,对光照的要求不得不稍放松些,以使温室在高寒地区得以发展。另一方面,由于建造温室材料的发展及温室生产的规模发展,考虑到综合经济效益,温室跨度有增大的发展趋势。随着跨度的增加,按合理采光时段的要求,脊高也应增加,使得结构上难于实现,为此也可适当放松对光照的要求。根据塑料薄膜的光透过特性,可把 10 时至 14 时的阳光入射角放大到 45°,对透光率的影响较小。

传统上认为发展日光温室的适宜地区为北纬 32°~43°区间。但近年来随着技术的进步,低导热系数保温材料(如聚苯乙烯泡沫板)的降价与普及,在高纬度地区(如地处北纬 47°的海伦市),配置有高效辅助热源装置的日光温室同样发展起来了。不同纬度地区的日光温室屋面角设计数值可参考表 3-4。其中,高纬度地区设计屋面角以 α_{01} 为取值基准,低纬度地区以 α_{02} 为取值基准,对于中纬度地区可在 α_{01} 与 α_{02} 之间选取适当值,考虑的因素是可实现的脊高。当然,对于内跨度小的温室应以 α_{02} 为取值基准。

表 3-4　不同纬度日光温室采光屋面角计算值

纬度(Ψ)	合理采光屋面角 α ($\lambda_{12}=40°$)	第一代节能温室 α_{01} ($\lambda_{10}=45°$)	第二代节能温室 α_{02} ($\lambda_{10}=40°$)
32°	15.43°	21.31°	28.10°
33°	16.43°	22.30°	29.10°
34°	17.43°	23.30°	30.10°
35°	18.43°	24.30°	31.10°
36°	19.43°	25.30°	32.10°
37°	20.43°	26.30°	33.10°
38°	21.43°	27.30°	34.10°
39°	22.43°	28.30°	35.10°
40°	23.43°	29.30°	36.10°
41°	24.43°	30.30°	37.10°
42°	25.43°	31.30°	38.10°
43°	26.43°	32.30°	39.10°
44°	27.43°	33.30°	40.10°
46°	28.43°	34.30°	41.10°

冬季使用的一斜一立式日光温室其采光斜面角度应符合上述采光角设计要求。半拱形屋面温室各部位角度变化较大,要求其采光屋面剖面上主要采光部位的切线,与水平地面的夹角符合上述设计要求,或更大一些为宜;其前屋面角比较合理的范围是:靠近采光面底脚处 60°～70°,中段 30°～40°,屋脊前 10°～20°。

3. 前屋面形状设计　日光温室前屋面形状以拱形为佳,且拱形曲面不论是哪种形式,光照效果没有什么差别。但拱形曲面弧度与前屋面的摔打现象有关,影响前屋面的牢固性。前屋面摔打现象是由温室内外空气压强不等造成的。当室外风速大时,空气压强(静压)减小,前屋面上方出现负压区,室内压强大于室外,室内产生举力,棚膜向上鼓起;但在风速变化的瞬间,由于压膜线的反作用力,棚膜返回骨架,如此反复,棚膜反复摔打容易受损。

确定采光面形状时要兼顾以下几方面因素:一是采光性。采光屋面必须保持有一定的角度,使采光屋面与太阳光线所构成的入射角尽量小。当入射角等于 0° 即阳光与采光屋面垂直时最理想,因为冬季太阳高度角很小,要使采光面与阳光垂直,采光面必须很陡。二是便于雪、雨水流失,否则雪、雨水滞留在棚膜上形成积雪或水兜。三是易被压膜线压紧,风天减少兜风。四是便于工作人员操作。离前屋面底脚 0.5～1m 处应有一定的空间,便于工作人员操作,有利于作物生长。综合考虑以上因素,温室以拱圆形或抛物线形屋面效果好。

4. 日光温室后屋面角度及水平投影 日光温室后屋面具有保温、吸收贮存热量、反射光线的作用,后屋面的角度、厚薄和组成对日光温室的保温意义重大。

后屋面仰角(图 3-15 中的 β,指后屋面内侧与后墙顶水平线的夹角)主要影响日光温室后屋面水平投影(图 3-15 中的 L_2)的长短和采光。后屋面仰角越大,其水平投影越短,越利于温室后部采光;后屋面投影的长短除了影响日光温室的采光外,还与日光温室的保温性有关。后屋面投影过长,遮光面积很大,温室后部光照弱,但温室的保温性较强;后屋面水平投影过短,则采光好,却不利于保温。此外,后屋面仰角大也利于墙体和后屋面内部受光,可在一定程度上增加后墙及后屋面白天的蓄热量,但仰角过大导致投影 L_2 减小,更不利于夜间保温。因此,在设计日光温室后屋面仰角与水平投影时要兼顾温室的采光和保温。

(1)后屋面仰角的设计　后屋面仰角的设计原则为:使后屋面在 11 月上旬至翌年 2 月上旬接受太阳直射光。后屋面仰角 β 应大于当地的冬至日太阳高度角,一般理想的后屋面仰角为 35°～45°,不宜小于 30°。具体可根据公式计算:β＝H°(冬至日)＋5°～7°,如北纬 40°地区为 31.5°～33.5°。

高纬度地区后屋面仰角计算公式为:β＝{H°(冬至日)＋[H°(春分日)－H°(冬至日)]÷2}×115%,根据计算,温室后屋面仰角:新疆北疆为 40°～42°,塔里木盆地北缘(临时加温区)不低于42°,塔里木盆地南缘(不加温区)43°～45°。

后屋面仰角 β 还受后墙高度、后屋面水平投影制约,与受光和作业也有关系。角度过小受光不好,过大后屋面陡峭,管理不便。β 取值合理将会保证温室的照度,改善后部光照条件,还使整个冬季阳光不仅照到后墙,而且照射到后屋面,形成暖后坡。

(2)后屋面水平投影和宽度　由于后屋面的传热系数比前屋面小,所以长后坡的温室升温慢,但夜间降温也慢,清晨揭苦前温度较高;而短后坡的温室,白天升温快,夜间降温也快,清晨揭苦前温度较低。当后屋面投影为温室跨度的 0.2～0.25 时,温室的热效应最大。较温暖地区取上述范围的小值,较寒冷地区可取大值。春用型日光温室后屋面水平投影的长度比冬用型日光温室短一些,冬用型日光温室后屋面水平投影的长度随着纬度的增加而加长。

合理的后屋面投影长度为:北纬 41°以北地区,L_2 取 1.3～1.5m;北纬 36°～40°地区,L_2 取 1.1～1.3m;北纬 35°以南地区,L_2 取 0.8～1.1m。

后屋面内部宽度(图 3-15 中的 W)可以根据后屋面水平投影 L_2 和后屋面仰角 β 计算出来:W＝L_2÷cosβ。实际建造温室时可参考 W 值准备覆盖木板、苇帘等后屋面材料的宽度,而土屋顶温室在后屋面外部还需要填充秸秆、防寒土等隔热材料,并与后墙连接,所以后屋面外侧的宽度会大于 W 值。

5. 节能型日光温室采光相关结构参数的设计 设计日光温室结构时,根据当地气候条件、土地资源与经济条件,首先要确定跨度(图 3-15 中的 L,指温室后墙内侧到前屋面内侧间的距离)和后坡水平投影长度 L_2。再根据跨度 L、后坡水平投影长度 L_2 和前屋面采光角 α 计算脊高(图 3-15 中的 H),最后根据后屋面仰角 β、后坡水平投影长度 L_2 和脊高 H 计算后墙高度(图 3-15 中的 h)。

(1)跨度和脊高 日光温室的跨度和脊高影响温室的采光和保温,二者密切相关;温室跨度的大小,还影响栽培和人工作业空间。在一定范围内,温室的跨度对日光温室温光性能影响较小,这为跨度的设计提供了方便条件。但在结构上脊高又不能过高,因而限制了跨度的设计。跨度不宜过大,一般跨度以 7~9m 为宜。实践证明,跨度增加 1m,脊高相应要增加 0.2m,后坡宽度要增加 0.5m,这就给温室建造带来许多不便。温室的高跨比,即温室的高度与跨度的比值,不同纬度地区合理的高跨比也不相同。纬度越高,高跨比越大。一般冬用型温室适宜的高跨比为 0.43~0.47,春用型温室适宜的高跨比为 0.25~0.33。

日光温室的跨度应根据当地最低温度而定,一般北纬 34°~40°(多为不加温区)跨度为 7.5~8m,北纬 40.5°~43°(临时加温区)为 6.8~7.5m,北纬 43°~46.5°(补充加温区)为 6~6.8m,北纬 47°~48°(加温区)跨度为 5~5.5m 时最节省能源。跨度设计总原则是纬度越高,跨度应越小。

温室高度通常指温室脊高,一般为 3~4m。实际测定表明,温室内 55%以上的热量是从前屋面散失的,而前屋面的大小和温室高度直接相关,所以温室高度越低,室内空间越小,就越有利于保温。但是脊高过低影响温室内作业,所以种植园艺作物的温室脊高一般不能低于 3m。另一方面,温室高度越大,采光效果越好,但前屋面倾斜度过大,管理不便,前屋面散热量也增加,且浪费建筑材料。

日光温室的脊高可通过下式计算: $H = L_1 \times tg\alpha$ 其中 $L_1 = L - L_2$,前屋面采光角 α 值参考表 3-4。低纬度地区和高纬度地区跨度小的日光温室 α 取值以 α_{02} 为准;高纬度地区跨度大的日光温室,考虑到脊高的限制,前屋面采光角 α 的取值以 α_{01} 为准。高纬度地区还可根据实际要求选介于 α_{01} 和 α_{02} 之间的值,使计算出来的脊高实用,但 α_{01} 应为设计的低限值。

也可在跨度确定后根据表 3-5 选择合适的脊高。

表 3-5　日光温室脊高与跨度的选择　(新疆)

跨度(m)	脊高(m)						
	2.4	2.6	2.8	3	3.2	3.4	3.6
5.5	√	√	√				
6		√	√	√			
6.5			√	√	√		
7				√	√	√	
7.5					√	√	√
8						√	√

近两年,保护地温室栽培大樱桃、桃、杏等果树发展迅速,出现了跨度 10~12m 的节能日光温室。由于果树对温度的要求没有蔬菜类作物要求高,日光温室可按第一代节能日光温室参数设计。这样可使前屋面不致于过高,从而可以适当降低造价。

(2)日光温室长度和后墙高度　日光温室后墙的高度 h 一般 ≥1.8m,不宜低于 1.6m。可以根据确定的后屋面仰角 β、后坡水平投影长度 L_2 和脊高 H 计算后墙高度。计算公式为:

$$h = H - L_2 \times tg\beta$$

日光温室的长度一般为 50～80m。温室长度低于 50m 时,东西两面山墙遮荫面积相对增大,设施内有效受光面积相对较小;而温室过长增温保温效果明显降低,温室管理也不方便。

对北纬 32°～43°地区来说,设计第二代节能日光温室还可参考表 3-6 所示的推荐参数值。

表 3-6 不同纬度第二代节能日光温室推荐设计参数 (张真和,1995)

纬 度	32°	33°	34°	35°	36°	37°	38°	39°	40°	41°	42°	43°
脊 高	3	3	3.1	3.1	3.1	3.1	3.1	3.1	3.1	3.1	3.1	3.1
跨 度	7	7	7	6.6	6.5	6.4	6	6	6	5.8	5.7	5.5
后坡投影长度	1	1.2	1.2	1.2	1.2	1.3	1.3	1.3	15	1.5	1.5	1.5

(四)透明覆盖物的选择

塑料薄膜是日光温室的主要透明覆盖物,根据树脂的不同主要有聚乙烯(PE)、聚氯乙烯(PVC)和乙烯醋酸乙烯(EVA)三类薄膜,不同薄膜对光线的吸收和透过率也存在较大差异,具体性能指标见第四章有关部分。在生产上,从采光的角度考虑需要选择对有益太阳辐射透过率高且不易老化和污染的薄膜,即对波长在 $0.35～3\mu m$ 的太阳辐射具有高透过性,对波长 $0.35\mu m$ 以下的近紫外线具有高吸收或高阻隔性,对波长 $3\mu m$ 以上的远红外线具有强阻隔性的薄膜。一方面,波长 $0.315～0.38\mu m$ 的近紫外线参与某些植物花青素、维生素 C 和维生素 D 的合成,并有抑制植物徒长等形态建成作用。另一方面,波长 $0.345\mu m$ 以下的近紫外线可促进灰霉病分生孢子的形成,波长 $0.37\mu m$ 以下的紫外线可诱发菌核病子囊盘的形成,波长 $0.315\mu m$ 以下的紫外线对大多数植物有害。综合考虑,应通过在棚膜内添加特定的紫外线阻隔或吸收剂,将波长 $0.35\mu m$ 以下的紫外线滤掉。波长 $3\mu m$ 以上的远红外线主要是地面热辐射,通过在棚膜内添加特定的红外线阻隔剂阻隔地面热辐射,可明显提高温室温度。

塑料薄膜各种性能是相互影响的,透光率好的薄膜往往保温性较差。如目前采光性能较好的是 EVA 多功能膜,但 EVA 多功能膜的保温性不如 PVC,因此具体应用哪种薄膜需要综合考虑温室的使用季节、总体性能指标要求、成本等因素。

依据以上理论进行采光设计时,通常遵循下列程序:对于给定的地理位置和初步确定的温室整体尺寸,首先判定冬至日地面光强能否满足设计光照指标。如冬至日光照超过设计光照指标,则加大温室跨度或降低温室脊高直到冬至日光照接近设计光照指标;如冬至日光照不能满足设计光照指标,则缩短跨度或提高温室脊高,直至最小跨度或最大脊高。可反复验算,直到满足设计光照指标。

二、日光温室的保温设计

(一)日光温室的热平衡

1. 日光温室的热平衡状态 科学的采光设计,可使日光温室的温度上升快,温度高,光照充足,有利于作物光合作用,但是如何把温室的热量保持住,这就必须做好温室的保温设计。进行保温设计首先要了解温室的热量损失途径。

温室从外界得到的热量与自身向外界散失的热量的收支状态,称为温室的热平衡。在不加温条件下,温室表面主要从太阳的直接辐射和散射辐射中获得热量,也从周围物体的长波辐射中获得少量的热量。另一方面,温室的覆盖物表面向外界以长波辐射散热,并通过与周围空气对流交换散热。在温室内部,地面或作物所获得的能量,首先是透过覆盖材料(薄膜等)进入室内的太阳辐射和长波辐射,以及覆盖材料本身的长波辐射。地面或作物本身也向周围发射长波辐射散热,并通过空气对流交换散热,以及通过土壤水分蒸发和作物蒸腾作用散发潜热。另外,由于土壤的热容量较大,还要考虑土壤通过地面获得热量或反方向传给空气。温室中的湿度很高,在覆盖物内表面的水分凝结潜热交换,以及温室通风时内外空气的热交换都必须参加热量收支计算。

冬季日光温室的热量收支模式见图 3-18 和图 3-19。

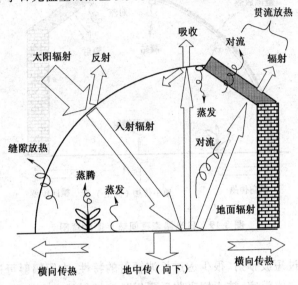

图 3-18　日光温室白天热平衡示意图

温室内获得的热量(Q 收)=透射进入温室内的太阳辐射热+来自土壤表面的热量+来自作物表面的传热量+由内外通风换气产生的热量

温室散热(Q 支)=贯流散热+缝隙散热+土壤横向散热

大多数情况下,温室的热量收入(Q 收)和热量损失(Q 支)不平衡,则 Q 收=Q 支+ΔQ,其中 ΔQ 是蓄积在温室内的热量,当 ΔQ 为正值时,温室得到的热量多而升温,反之温室就要降温。一方面,温室升温缘于温室效应,塑料薄膜和玻璃等透明覆盖物具有

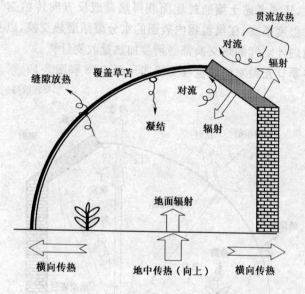

图 3-19 日光温室夜间热平衡示意图

大量透过短波辐射、很少透过长波辐射的特性,太阳辐射可透过薄膜大量进入温室,被土壤吸收后再以长波辐射的方式放出,大部分长波辐射被阻挡在温室中,导致温度升高,这种现象称为温室效应。温室夜间的热量也来源于白天积累的太阳辐射。另一方面,温室升温靠透明覆盖物和围护结构(后屋面和墙体)的不透气性,阻断温室内外的气流交换,减少了因空气对流引起的热量散失。实际上,如果通风量很大,室内气温则几乎不会升高。

白天日光温室内地面吸收的太阳辐射超过地面的有效辐射,从而使地面得到较多热量,地面温度高于邻近的空气层和下层土壤的温度,于是地面向空气和下层土壤传热(部分热量在土壤中横向传导),并使其升温。由于地面温度高,促使土壤水分蒸发,随之将土壤表面的热量一部分变成潜热带入空气中;同样,植物的蒸腾作用也将潜热带入空气中。覆盖物的缝隙借空气对流使空气中的热量逸出室外。

由于地面和空气升温,且温度比覆盖物内表面高,所以地面和空气中的热量分别以辐射和对流的形式被带到覆盖物(前屋面、后屋面和墙体)的内表面。这些热量以传导的方式传到外表面,再以辐射和对流的方式散失到外界空气中。这个透过透明覆盖物和围护结构向室外散失热量的过程称为贯流放热。

夜间外界气温较低,室内外温差加大,使贯流放热量加大,温室内温度降低,但夜间通风口全部关闭,还覆盖草苫等防寒物,这些措施可减少部分贯流放热和缝隙放热,缓解室温的下降。此时,白天贮存在土壤及围护结构中的热量补充到温室中,温室内的水蒸气凝结放出潜热,这都使空气和地面温度的下降得到缓解。保温好的日光温室,夜间降温幅度小,一般只降低 5℃～7℃。

2. 日光温室的放热与保温

(1)贯流放热 贯流放热是日光温室放热的主要途径,占总散热量的 60%～70%,高时可达 90%左右。日光温室贯流放热量的大小与温室内外的气温差、贯流放热系数和放热面积(即覆盖物及围护结构表面积)成正比。温室内外温差、贯流放热系数和放热面积越大,贯流放热量就越大。贯流放热系数指每平方米的覆盖物及围护结构表面积,在室内外温差为 1℃的情况下每小时放出的热量。贯流放热系数与覆盖材料或建筑材料的导热率成正比,与材料厚度成反比。即材料的导热率越大,材料越薄,贯流放热系数越大。不同结构和材料的贯流放热系数见表 3-7。

贯流放热是导致温室温度下降的主要原因,温室保温的核心是减少贯流放热量。具体措施是降低覆盖物及围护结构的导热系数和加大厚度,如采用导热率低的覆盖材料和建筑材料(表 3-7),采用异质复合墙体和后屋面,前屋面覆盖草苫、纸被、保温被,温室内加盖保温幕等。

表 3-7　不同结构和覆盖材料的贯流放热系数

材料种类	规格 (mm)	贯流放热系数 [kJ/(m²·h·℃)]	材料种类	规格 (cm)	贯流放热系数 [kJ/(m²·h·℃)]
聚氯乙烯膜	0.1	22.94	砖墙(一面抹灰)	厚38	5.75
聚乙烯膜	0.1	24.19	砖墙(内面抹灰)	厚26	7.09
合成树脂板	1	20.85	一砖清水墙	厚24	7.92
钢筋混凝土	厚50	18.35	半砖清水墙	厚12	10.01
钢筋混凝土	厚100	15.85	土　墙	厚50	4.17
草　苫	厚40~50	12.51	石　墙	厚50	7.92
实体木质外门	一层	16.68	石　墙	厚60	7.51
带玻璃外门	一层	20.85	空心墙	厚61	2.50

注:①合成树脂板包括 FRP、FRA、MMA;

　　②空心墙为外墙 37cm 砖墙,中空 12cm,内 12cm 砖墙

　　(2)缝隙放热　　日光温室内的热量通过覆盖物及围护结构的缝隙以对流方式将热量传到室外,如墙体裂缝、门窗、放风口、后屋面与墙体交接处、前屋面薄膜孔洞等。在温室密闭情况下,缝隙放热只有贯流放热量的 10% 左右。在温室建造和生产管理中,应尽量减少缝隙放热。在温室建造中,温室门应避免与季风方向垂直,如华北地区冬春季多刮西北风,一般将温室门设在东部,设在西部要加盖工作间。温室门最容易形成对流,缝隙放热量大,应在温室山墙外设工作间,避免出入时冷风直接进入温室。温室门口应挂棉门帘,温室内靠门口处设缓冲间,可用塑料薄膜,上端固定在后屋面上,后部固定在后墙上,东西侧和南侧挂满,形成一个小缓冲间,管理人员进出温室经过缓冲间,可有效地减少缝隙放热。覆盖薄膜时要注意密封薄膜与墙体、后屋面和前屋面底脚的连接处,如前屋面的薄膜要延过底脚 30cm 以上,以免出现缝隙,保持前屋面薄膜的完好无损,扒缝放风口的两块薄膜搭接不应过窄,以便将缝隙放热降到最少。土筑墙不论夯土墙或草泥垛墙,在分段筑墙时,

直茬对接,必然要出现缝隙,应采取斜茬叠接。后屋面与后墙的交接处要封闭严实,桁檩结构的后屋面骨架、桁尾要放在后墙中部,不宜露出墙外。

(3)土壤传热 白天日光温室地面接受太阳辐射,地表温度升高后一部分热能用于长波辐射和传导,使室内气温升高,大部分热量垂直向下传导,成为土壤贮热,使地温升高。冬季夜间的温室土壤成为一个"热岛",土壤中的热量向四周土壤、下部土壤和邻近土壤的空气中传热,土壤热量的横向传导可把热量传到室外,造成热量损失。

设置防寒沟、埋设聚苯板等是减少土壤热量横向传导损失的有效措施。在温室前底脚外设置防寒沟,宽 30cm,深 40～50cm,衬上旧薄膜,装入乱草,包严,培土踩实。有条件的最好在前底脚外竖埋 5cm 厚、50cm 高的苯板。适时提早覆盖棚膜烤地是增加土壤贮热、减少土壤热量纵向传导损失的积极措施。在建造日光温室过程中使后墙和后屋面达到一定的厚度,也可避免热量传导到北侧室外。

(二)墙体和后屋面的保温设计

日光温室的墙体和后屋面既有承重和隔热的作用,又有载热的功能,即白天蓄热,夜间放热。加强墙体和后屋面的保温蓄热功能,使墙体和后屋面与地面一样成为热源,白天是蓄热体,夜间成为放热体。白天得到的热量,只有少部分透过墙体和后屋面散失到室外,大部分蓄积在土壤、墙体和后屋面,夜间再传递到室内,使室内外最低温度的差值可达到 25℃～30℃。

为了增加墙体和后屋面的保温蓄热能力,一是要采用蓄热能力强的材料,或设计异质复合墙体及后屋面,二是要加大厚度。在单质实心墙体中,夯实黏土墙体吸热和蓄热能力强,建造费用低,导热能力较强。夯实加草黏土墙体导热能力差,建造费用低,吸热和蓄热能力较强。普通砖砌墙体导热、吸热和蓄热能力介于前两者之间,建造费用高。在同样厚度的单质实心墙体中,砖墙的保温性能最好,其次是夯实加草黏土墙体,夯实黏土墙体保温性最差。设计异质复合墙体时要在内层选择蓄热系数大的建筑材料,外层选择导热率小的建筑材料,实际应用的异质复合墙体种类见本节第四部分日光温室的墙体设计。墙体和后屋面的厚度视建材、外界温度、温室内的作物种类而定。传统理论认为,在北纬 35°左右的江淮和华北平原南部,土墙厚度以 0.8~1m 为宜;北纬 40°左右的华北平原北部和辽南墙体厚以 1~1.5m 为宜。保温能力不够时可在墙体外堆防寒土。

增加墙体厚度是提高温室保温性的重要措施,但这也是导致土墙温室土地利用率低的主要原因,目前生产上许多地区把后墙增加到 5~6m 宽,土地浪费比较严重,为了提高温室的保温能力,同时也充分利用空间和土地,有些地区采取在后墙外接盖养殖棚的措施,既增加了温室后部的隔热能力,又能减少土地浪费,还可提高养殖棚冬季的温度;这类种养结合的温室后墙只建成普通的 24 砖墙,后墙中间留窗口,使北侧的养殖棚也能见光,棚内养殖鸡、鸭等;养殖棚北侧留通风孔,养殖棚的宽度及通风结构同普通养殖棚。

异质复合后屋面的厚度要根据建筑材料来定,采用保温性能好的秸秆、草泥、稻壳、高粱壳、玉米皮及稻草组成异质后屋面,厚度可在 40~70cm,低纬度地区可以薄些,高纬度地区要厚些。近年来,苯板作为新型隔热材料多用来作温室的墙体和后屋面保温层,如砖墙日光温室的后屋面可在下面铺木板箔,上盖两层 5cm苯板和一层草苫,再铺炉渣,水泥砂浆抹平后进行防水处理。通常后屋面的厚度相当于墙体厚度的 50%。

(三)前屋面的保温设计

日光温室的前屋面是主要的散热面,夜间需要覆盖保温材料减少热量的散逸,才能达到保温的目的。

1. 前屋面的外保温 传统的外覆盖保温材料有稻草苫、蒲席、纸被、棉被等,近年来发展起来的新型外保温覆盖材料有保温被。

草苫用稻草编织而成,缝隙少,导热率小,保温效果好,可使夜间温室热消耗减少 60%,但稻草强度小,使用年限较短,仅 1～3 年。蒲席用蒲草和芦苇编织而成,蒲席的缝隙较大,保温效果稍差,但蒲席使用年限较长,寿命 3～5 年。为保证保温效果,草苫和蒲席的厚度应达到 5cm,有时为了加工方便厚度做成 2.5～3cm,使用时可以覆盖双层草苫。一般草苫和蒲席的宽度为 1.5～2m,长度比采光屋面长 1.5～2m,大径绳在 6 道以上,其保温效果通常为 5℃～6℃。草苫的实际保温效果与厚度、疏密程度、干湿程度和外界气温等因素有关。传统的草苫卷放多采用人工操作,使用过程中经常出现覆盖不严的情况,影响夜间保温,近年来有条件的地区采用自动卷帘机进行机械操作,一方面可节省人力和时间,延长植物的光合时间,另一方面还能保证草苫的覆盖效果。

纸被由 4～6 层牛皮纸叠合而成,在寒冷的冬季,可在草苫和蒲席下面覆盖一层纸被,既可增加覆盖物的厚度,又可防止草苫划破塑料薄膜,并在草苫和塑料膜之间形成一层致密的保温层,弥补草苫和蒲席的缝隙,减少缝隙散热,使温室的保温性能得到进一步提高。据测定,在严寒冬季,用 4～6 层旧水泥袋纸被与 5cm 厚草苫配合使用可使温室室内温度比单独使用草苫提高 7℃～8℃。但纸被投资高,不防水,在被雨、雪浸湿时,保温性能下降,而且极易损坏,寿命短,因此也常用旧薄膜代替纸被。内蒙古和东北等高寒地区使用棉被进行外覆盖保温,可使室内气温提高 7℃～8℃,高的达 10℃,但棉被造价高。

保温被通常由多层材料缝制做成,由外向内一般为:防水层、隔热层、保温层和反射层。具体材料有防雨布、无纺布、棉毯或废羊毛绒、镀铝转光膜等。同草苫相比,保温被质量轻、防水,避免了草苫吸水后重量加大、拉放困难、保温性变差等弊端,保温被易保存,使用寿命长,达 5～6 年。保温被的保温效果与蒲席和草苫相当或提高温度 1℃～2℃。整个日光温室前屋面覆盖整块保温被,适合用自动卷帘机手动或电动拉放,不适合人工卷放。

2. 温室的内覆盖保温 在温室内设置保温幕是连栋温室常用的保温手段,内覆盖材料主要有塑料薄膜、无纺布、遮阳网等。其保温效果低于草苫,各种内覆盖材料的节热率见表 3-8,目前我国的日光温室多采用外覆盖保温,在保温能力难以满足生产要求时,可在温室内部增设塑料薄膜和无纺布等内覆盖材料,提高温室的保温性。内覆盖材料的支撑骨架有各种形式,如在装配式钢管日光温室主体骨架下方加设一层钢管,或在前屋面骨架和后屋面立柱间纵向拉设钢丝。

表 3-8　保温覆盖的节热率

保温方法	保温覆盖材料	节热率(%)	
		玻璃温室	塑料大棚
双层固定覆盖	玻璃或 PVC 薄膜	40	45
	PC 薄膜	35	40
	PE 薄膜	30	35
室内一层保温幕	PVC 薄膜	35	40
	无纺布	25	30
	铝箔反射膜	50	55
室内两层保温幕	双层 PE 薄膜	45	45
	PVC 薄膜＋铝箔反射膜	65	65
外面覆盖	草苫	60	65

三、日光温室的骨架设计

(一)日光温室骨架的类型

1. 竹木结构 竹木结构日光温室的骨架由立柱、拱杆、拉杆和压杆或压膜线沟成,立柱多为圆木或水泥柱(截面 10～15cm 见

方),作用是支撑和固定拱杆,跨度 6～8m 的温室从南到北设 3～5
排立柱,东西方向每隔 3m 设一列立柱,温室每 3m 为一开间。其
中北屋面下方的立柱称为中柱,向南依次为腰柱和边柱,中柱和边
柱可分别稍向北、向南倾斜,以加强牢固性,腰柱应垂直地面。拱
杆采用竹竿(较粗的一端 φ7～8cm)或竹片,起保持和固定采光面
的作用,拱杆间距 0.5～0.8m。拉杆多用圆木(φ8～10cm)或竹
竿,起固定立柱、连接拱杆的作用,防止骨架发生位移,跨度 6～8m
的温室可设 3～5 道拉杆。一斜一立式日光温室的主采光面采用
竹竿压膜效果好,下端用 8 号铁丝固定,也可直接采用 8 号铁丝压
膜。半拱圆形日光温室多采用聚丙烯塑料压膜线固定棚膜,每两
根拱杆间设一道压膜线或铁丝,压膜线或铁丝上端固定在屋脊部,
下端固定在前屋面底脚外侧的地锚或地锚铁丝上。竹木架构的骨
架的优点是建造容易,比较牢固,成本低(表 3-9),容易被农户接
受;缺点是立柱多,遮光严重,操作不方便,使用年限短,在 3 年
以下。

表 3-9 竹木骨架日光温室材料投资概算 (333.3m²)

名　称	规　格	单　位	数　量	单价(元)	金额(元)	备　注
支　柱	0.1m×0.15m×3.3m	根	17	10	170	水泥中柱
	0.1m×0.15m×2.9m	根	17	10	170	水泥腰柱
	0.1m×0.15m×1.6m	根	17	8	136	水泥边柱
檩	φ0.15m×3m	根	18	18	324	
椽 子	φ0.1m×3m	根	36	14	504	
竹 竿	φ7～8cm×6m	根	53	12	636	
竹 片	宽 8cm×1.5m	片	53	0.8	42.4	
铁 丝	10 号	kg	20	5.86	117.2	压 膜
	20 号	kg	2	7	14	地 锚
塑料膜	无滴长寿膜	kg	50	12	600	

续表 3-9

名　称	规　格	单　位	数　量	单价（元）	金额（元）	备　注
压膜线	塑料包尼龙芯	kg	5	25	125	
草　苫	2m×8m	块	30	32	960	
拉　绳	白麻绳	kg	30	10	300	拉草苫
后　坡	椽子、苇帘、草泥	m	55	12	660	
合　计					4758.6	

2. 水泥预制件结构　水泥预制件骨架温室的跨度一般为 6～7m，高度 2.5～3m。日光温室的中柱、柁、檩和拱架均采用钢筋混凝土预制件，檩和中柱断面要达到 12cm×12cm，中柱应选用 ϕ6mm 的钢筋作纵筋，箍筋用 ϕ4mm 的冷拔钢丝（间距 20cm）。柁的断面要达到 12cm×18cm，柁的受力筋（即 2 根底筋）要用 ϕ12mm 的钢筋，顶筋（2 根）用 ϕ8mm 的钢筋，箍筋用 ϕ4mm 的冷拔钢丝，2 个箍筋间距 20cm。檩的底筋为 ϕ8mm 钢筋，顶筋为 ϕ6mm 钢筋。骨架断面 4.5cm×10～16cm，内配 4 根直径 5mm 的钢筋，混凝土配比见表 3-10。水泥预制件骨架强度大，成本较低，但遮荫重，运输不便，适合就近建造使用。

表 3-10　混凝土配比

混凝土标号	材料用量（kg/m³）					水灰比	含砂率（%）
	水泥	水	砂	石子	坍落度（cm）		
200	240	160	628	1432	0.5	0.67	30.5
300	360	172	545	1403	1	0.48	28
400	460	184	460	1376	1	0.40	25

3. 钢架结构　透光前屋面采用钢筋或钢管焊成片架作为承

力骨架。钢架结构的日光温室跨度多为6～8m,脊高2.7～3.5m。以拉花钢架为拱架(上弦钢筋φ12～16mm,下弦钢筋φ12～14mm,拉花钢筋φ8～10mm),拱架间距0.8～1m。纵向设钢筋片架拉梁或钢管拉杆4～6道,前屋面不设立柱。如果采用钢管代替钢筋做上下弦(上弦钢管φ25～32mm,下弦钢管φ25mm,拉花钢筋φ8～10mm),钢架的整体强度增加,支撑力加大,可把钢架直接焊接到后墙上,室内可以不设中柱,这种钢架温室的跨度可增加到9m。钢架结构日光温室的特点是:结构牢固,使用年限比较长,室内无立柱或少立柱,透光好,操作方便,便于在室内加设内覆盖保温材料。钢筋骨架易腐蚀,应每年进行防锈处理。

4. 热镀锌薄壁管组装结构 装配式热镀锌钢管骨架以热浸镀锌钢管通过连接纵梁和卡具形成受力整体,为定型产品。跨度多为6～8m,屋脊高2.5～3m。一般在后屋面下设1排中柱,材料用水泥柱。拱杆(φ32mm)和拉杆(φ25mm)采用热镀锌薄壁钢管,用卡具、套管连接拱杆和拉杆,屋脊处用压膜槽和卡簧固定棚膜,每两根拱杆间设塑料压模线压膜。特点是:结构合理,骨架杆材细,室内只有一排立柱,采光好,使用年限长,操作方便,便于加设多层内覆盖保温材料,盖膜方便。装配式钢管骨架造价最高。

5. 混合骨架 近年来,8～9m的大跨度无柱或少柱温室越来越多地应用到园艺作物生产上,全钢架是大跨度、少立柱或无立柱温室的理想骨架,但其成本较高,为了节约钢材,降低造价,可在前屋面骨架中使用混合骨架,即每两个钢架之间设置3～4根竹竿或钢管,东西向拉杆采用钢管或钢丝。跨度大于8m时,为了加强温室的牢固性,可在后屋面下设置一排中柱。混合骨架温室的特点是结构较牢固,使用年限较长,造价较低,介于钢筋骨架和竹木骨架之间,室内空间大,操作方便。

(二)无柱式日光温室骨架荷载计算

无柱式日光温室骨架的形式较多,如钢筋混凝土骨架、钢管和钢筋焊接桁架、型钢焊接骨架等。由于取消中柱,后屋面荷载将全部作用在骨架上,故其受力比有立柱日光温室骨架复杂得多。通过对无柱式日光温室骨架的受力分析,对各种荷载作用下骨架内力的求解,得出结构优化结果。

1. 荷载 作用在温室上的外力称为荷载。按照荷载的性质可分为恒载和活载。恒载是作用在结构上经常不变的荷载,包括温室永久性结构的自重(骨架、薄膜、保温草苫及卷帘机等设备的重量)和作物荷载等。活载指在温室使用过程中产生的临时荷载,主要有雪荷载、风荷载、操作载荷、施工荷载和地震荷载等。荷载还可以按照作用力的方向分为垂直荷载和水平荷载,如骨架自重和雪荷载属于前者,风荷载和地震荷载则属于后者。

温室结构设计时应先计算荷载,根据荷载的数值,再计算构件的应力,所以荷载大小是温室结构设计的依据。荷载取值过大,则结构粗大,遮荫多,还浪费材料;取值过小则造成结构不牢固,经不起风雪的袭击,容易发生倒塌事故。因此,要精确进行荷载计算,科学设计骨架结构。

在温室骨架荷载计算时,先计算自重、风雪等恒载和活载,用其中最不利的条件计算荷载组合,再用此荷载计算柱、梁、檩等所有构件的内力。各种构件再用其内力和假定截面积计算最大应力。最大应力计算结果如在构件内力允许范围内,则表示构件的强度安全够用。否则要改变截面尺寸重新计算。强度计算后再验算变形量,如变形量在允许值范围内,就可最终认定构件的尺寸。

2. 雪荷载 依照《建筑结构荷载规范》(GBJ9－87)屋面水平投影面上的雪荷载标准值为:$S = \mu S_0$,式中 S 为雪荷载标准值,S_0 为基本雪压(表 3-11),μ 为屋面积雪分布系数(表 3-12)。

表 3-11 我国部分城市基本雪压、最大积雪深度与折算基本雪压对照表

城市名称	基本雪压(kN/m²)	最大积雪深度(cm)	折算基本雪压(kN/m²)
哈尔滨	0.4	41	0.328
长 春	0.35	18	0.144
沈 阳	0.4	20	0.16
呼和浩特	0.3	19	0.152
北 京	0.3	24	0.192
天 津	0.3	20	0.16
石家庄	0.25	19	0.152
太 原	0.2	16	0.128
济 南	0.2	19	0.152
郑 州	0.3	23	0.184
西 安	0.2	22	0.176
银 川	0.1	17	0.136
兰 州	0.15	10	0.08
乌鲁木齐	0.75	48	0.384

表 3-12 屋面积雪分布系数

α	0°～10°	10°～20°	20°～30°	30°～40°	40°～60°	>60°
μ	1	0.9	0.75	0.5	0.25	0

3. 风荷载 垂直于温室表面的风荷载标准值应按下式计算：$W = 0.8\mu S W_0$，其中 μS 为风荷载体型系数，0.8 为风压高度变化系数，W_0 为基本风压，按照 $W_0 = 0.5\rho v^2$ 计算，式中 ρ 为空气密度，约等于 1/8，v 为风速，以空旷平坦地面离地 10m 高、30 年一遇、10 分钟平均最大风速为准。

4. 保温草苫重量 保温草苫重量一般在 40 N/m²，设计中考虑使用中吸水、20%搭接等因素按照 60 N/m² 计算,也可以按照屋脊前沿斜面长度乘以系数 1.1~1.2 来近似地代替日光温室前屋面拱长,并将其等效转换为水平投影面上的均布荷载 Qc,即 Qc = (1.1~1.2)×60 × cosα,其中 α 为前屋面倾斜角。

5. 作物荷载 种植黄瓜和番茄等吊蔓作物的日光温室需承受作物荷载,这部分荷载在瓜果盛期为最大。作物荷载日本规范提出吊蔓作物按 150 N/m² 的水平投影考虑,这部分荷载的取舍可根据温室用途、作物品种和种植方式而定。

6. 操作载荷 按照 GBJ9-87 规定,上人屋面的均布荷载为 1.5N/m²,日光温室可按脊部作用 0.8N/m² 的集中力考虑操作荷载。

四、日光温室的墙体设计

墙体是日光温室的重要组成部分,除承重外,日光温室的墙体还是吸热、蓄热与隔热保温的主要载体。在设计上,要求墙体有足够的强度、刚度和稳定性,以承载作用其上的荷载(后屋面、前屋面骨架和草苫等的重量、风雪荷载等),不至于发生倾斜和坍塌。同时,墙体还应具有良好的保温性能,以减少温室的热量损失。除了考虑墙体内层可吸热、中层可蓄热、外层可隔热等性能外,还应考虑取材方便、经济合理、耐用等因素,常见的墙体类型为土墙、砖墙和复合墙体。

(一)土 墙

土墙是目前日光温室生产上最常见的墙体,经济实用,保温性较好,适合建筑临时性温室,温室用后拆除,土地平整后可继续种植蔬菜或其他农作物。

土墙常见的建筑方式有夯土墙和泥筑墙两种。最初的夯土墙又叫干打垒,以黏土或亚黏土(容重≥1600kg/m³)为材料分层夯制,墙体两侧用木质或竹片夹板围固,中间填土,土壤湿度60%左右,用力夯实。一般夯实后的土墙容重应大于 $1600kg/m^3$。用这种方法打制的墙体厚度多在 50cm 左右,保温性一般。近年来山东、河北的日光温室土墙厚度增加,多采用挖掘机推土、拖拉机碾压的方式建造,其厚度少则 $1.5\sim2m$,多则 $4\sim5m$。泥筑墙以黏土土或亚黏为主要原料。为了增加土墙的强度,增强耐水性和减少干缩裂缝,可加入适量的填料。如掺入 $10\%\sim15\%$ 石灰提高强度和耐水性,掺入碎稻草、麦秸可减少干缩裂缝,掺入适量砂子、石屑和炉渣等,既能提高强度,又可减少干裂。

在生产上,$4\sim5m$ 厚的土墙保温性好,但土地利用率较低,关于合理的土墙厚度还没有定论,一般认为土墙厚度应超过当地冻土层 50cm,2m 左右厚的土墙比较合理。

(二)砖 墙

建筑上常用的砖有普通黏土砖、空心砖、灰砂砖、矿渣砖和泡沫混凝土砖等,应用最多的是普通黏土砖,标准黏土砖的规格是 $24cm\times11.5cm\times5.3cm$,用它砌成砖墙,加上 1cm 的砂浆灰缝,在长、宽、高方向上刚好做到有规律的"错缝搭接"。空心砖有混凝土空心砌块、废渣空心砌块等类型,与普通黏土砖的区别是增加了孔洞,如混凝土空心砌块空心率在 $30\%\sim50\%$ 之间,提高了保温能力,12cm 厚的空心砖墙与 24cm 厚的普通黏土砖墙保温性能接近,但自重减轻,造价降低,承重力反而更强,是取代传统黏土实心砖的新型墙体材料。灰砂砖和矿渣砖的容重大于普通黏土砖,抗压能力和保温能力与中等质量黏土砖相似,耐水、耐用性较差。泡沫混凝土砖容重小,保温效果好。

墙体保温性能指的是当室内温度高于室外时,室内热量通过墙体传递到四外所需时间的长短。保温性能的好坏其实与墙体材料的导热系数有关,材料导热系数越高,墙体保温性越差。表3-13列出了各种建筑材料的导热系数。保温性能好的墙体,其白天升温阶段内侧表面温度低于室温,午后至夜间内侧表面温度高于室温,这表明该墙体在白天的升温阶段是"吸热体",将部分热量贮存在墙体中,在午后至夜间的降温阶段是"散热体",由墙体的内表面向温室内传递热量。

表 3-13　常用建筑材料的热工参考指标

材料名称	容重 (kg/m³)	导热系数 [kJ/(m·h·℃)]	蓄热系数 [kJ/(m²·h·℃)]
钢筋混凝土	2400	5.44	58.6
泡沫混凝土	600	0.75	9.92
夯实草泥或黏土砖	2000	3.35	38.09
草泥	1000	1.26	18.42
土坯墙	1600	2.51	33.07
自然干燥土壤	1800	4.19	40.60
石砌墙	2680	11.51	86.23
矿渣砖	1400	2.09	24.07
矿渣砖	1140	15.07	18.04
空心砖	1500	2.30	28.88
空心砖	1200	1.88	23.27
空心砖	1000	1.67	20.01
重砂浆黏土砖砌体	1800	2.93	34.74
轻砂浆多孔砖砌体	1350	2.093	25.33
体重砂浆空心砖砌体	1300	1.88	23.65
锯末	250	0.33	7.33
稻壳(砻糠)	155	0.30	4.77
稻草	320	0.33	6.49
芦苇	400	0.50	8.75
切碎稻草填充物	120	0.17	2.76
稻草板	300	0.38	6.70

(三)复合墙体

复合墙体由不同墙体材料和保温材料组成,其支撑性比土墙好,保温性优于单质砖墙。一般异质多层复合墙体内、外层分别用24cm或12cm砖墙,中间填充各种隔热材料。常见隔热材料的隔热效果优劣排序为:聚苯乙烯泡沫板>切碎稻草填充物>珍珠岩>蛭石>炉渣>木屑>中空。理想的隔热材料具有两个特点:一是室内外温差相同时,隔热层内外温差大(即墙内侧温度高,外侧温度低);二是在温室降温阶段(午后16时至翌日早晨8时)向室内放热时间长,放热量大。导热系数的倒数是热阻,热阻越大,表示墙体隔热保温性越好,如100mm聚苯乙烯泡沫板,热阻可达$3m^2 \cdot ℃/W$以上。华北、东北地区的墙体热阻应在$1.1 \sim 1.6 m^2 \cdot ℃/W$。由表3-14可知,如果用干土和炉渣为隔热材料,复合墙体的厚度应在60cm以上。如钢管骨架温室的墙体采用异质复合结构,内外墙为二四结构砖墙,中间留11cm空隙,内填5cm厚的聚苯板两层,墙体外表面抹水泥砂浆1cm厚,内墙表面抹白灰1cm厚,这在北纬40°地区保温效果相当于1.3m厚的土墙。

表3-14 不同结构墙体的热阻 (周长吉,1999)

序 号	墙体结构(由内向外)	热阻($m^2 \cdot ℃/w$)
1	砖12cm+干土12cm+砖24cm	0.95
2	砖12cm+炉渣12cm+砖24cm	0.89
3	砖12cm+珍珠岩12cm+砖24cm	2.21
4	砖12cm+干土12cm+加气砖24cm	1.21
5	砖12cm+炉渣12cm+加气砖24cm	1.15
6	砖24cm+干土12cm+砖24cm	1.11
7	砖24cm+炉渣12cm+砖24cm	1.05
8	砖24cm+珍珠岩12cm+砖24cm	2.37

续表 3-14

序　号	墙体结构(由内向外)	热阻(m² · ℃/w)
9	砖 24cm＋干土 12cm＋加气砖 24cm	1.37
10	砖 12cm＋炉渣 12cm＋加气砖 24cm	1.31

五、温室设计文件

温室设计资料应包括施工图和设计说明书等。其中温室施工图分为建筑施工图、结构施工图、设备施工图三类。

(一)建筑施工图

建筑施工图反映温室建筑的内外形状、大小、布局、建筑节点的构造和所用材料等情况,包括总平面图、平面图(图 3-20)、立面图(图 3-21)、剖面图(图 3-2 至图 3-8)等。

其中总平面图是指在画有等高线或加上坐标方格网的地形图上,画上原有建筑物和拟建建筑物的外轮廓的水平投影图,再加上围墙、道路和绿化等的水平投影即可成为总规划平面图。平面图主要用来表达建筑物的平面形状、占地大小、内部隔间、门窗洞口大小及位置、墙和柱的位置及厚度等。一般工程预算、施工放线、砌墙、安装门窗、室内地面处理和室外散水等都要用到平面图。在平面图中,"Ⓐ"表示沿宽度方向的轴线编号;①、②等表示沿长度方向的轴线编号。字母"M"为门的代号,字母"C"为窗的代号。立面图用来表达建筑物各个立面的形状、外墙面的装修等。剖面图用来表达建筑物的内部结构或构造形状、分层情况和各部位之间的联系、材料及其高度等。

(二)结构施工图

结构施工图反映温室的承重构件(如墙体、梁、柱、屋架等)的布置、形状、大小、材料及其构造等情况。包括基础平面图、基础剖面图(图 3-13)、结构布置平面图其及连接处(图 3-12)、拱架、横拉

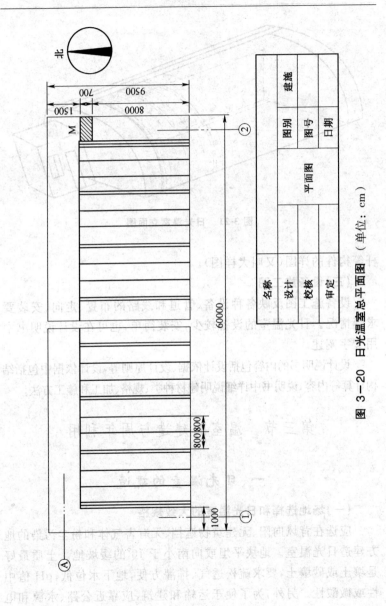

图 3-20　日光温室总平面图（单位：cm）

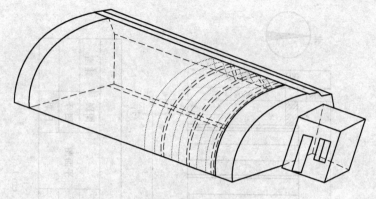

图 3-21　日光温室立面图

杆等构件的详图(又叫大样图)。

(三)设备施工图

设备施工图反映各种设备、管道和线路的布置、走向、安装要求等情况。日光温室的设备较少,安装简单,也可在设计说明书中用文字阐述。

设计说明书的内容包括设计依据、设计原则等,设计依据中包括结构计算等内容,说明书中详细说明建材种类、规格、加工和施工方法。

第三节　温室的建造与周年利用

一、日光温室的建造

(一)场地选择和日光温室的大致规格

应选在背风向阳、无建筑物遮挡、无有害气体和粉尘污染的地方建造日光温室。地块平坦或向南小于 $10°$ 的缓坡地。土质最好是壤土或砂壤土,要求疏松透气、排灌方便,地下水位低,pH 值中性或微酸性。另外,为了便于运输和建筑,应靠近公路、水源和电源。在北纬40°及以南的平原地区建造日光温室可参考表3-15列出的日光温室规格。

表 3-15 日光温室的结构与规格

项 目	乐亭竹木、钢筋温室	廊坊 40 型温室
脊 高	3.5m	3.5m
跨 度	8m	7.25m
长 度	50~100m	
墙 体	土墙厚度:顶 2m、底 4~5m 砖墙厚度:24 砖墙+10cm 填充物+24 砖墙	土墙厚度:顶 2m、底 4m
后 墙	内高 2m、外高 2.4m	内高 2m、外高 2.5m
后屋面	投影:1.2m 仰角:43°	投影:0.8m 仰角:45° 厚度:30cm 玉米秸+30cm 土
采光角	23°	23°
立 柱	竹木温室立柱:冷拔丝混凝土结构 中柱:12×12×300cm,距后墙 1.4m 立柱:10×10×310cm,距后墙 3m;10×10×260cm,距后墙 5m;10×10×160cm,距后墙 6.5m	无
拱 杆	竹木:8m 长毛竹+4m 长竹片,间距 1.2m 钢筋:拱杆上弦 φ20mm 钢管,下弦 φ8mm 钢筋,拉花 φ8mm 钢筋,间距 1.2m。每 3 根拱加 1 个三角固定拱	每隔 1.5m 放 1 架铁拱梁,或拱梁间距 2m,拱梁间 2 道竹拱
拉 杆	8 号镀锌铁丝,每排立柱 1 根,后坡铁丝间距 25cm	8 号镀锌铁丝,前坡 16 道,后坡 7 道
栽培床	半地下深度 50cm	半地下深度 30~40cm

(二)建造季节和时间

目前生产上应用的温室多数为土墙温室,少部分为砖石墙温室。温室的建造或修复多在夏秋季节进行,一般从雨季过后开始施工,到土壤上冻前 15～20 天结束。高寒地区最好在春季开始,在 7 月份前完成。选择合适的时期完成温室建造,可使墙体及后屋面在扣膜保温前(10 月中旬)充分干透,不耽误秋冬茬的生产,因为秋冬茬果菜等喜温性作物多在 8～10 月份定植,建造温室过晚会影响作物生长,延迟采收期。此外,温室建造完成过晚不能保证墙体干透,在冬季保温后墙体会上冻,一方面影响保温效果,增加室内空气湿度,另一方面冬春季墙体容易发生冻融剥离,轻者墙体损坏,重者墙体倒塌。

北方的夏秋季节多为雨季,在越夏时需要对日光温室的土墙及后屋面进行人工防雨保护,具体做法是在雨季前用旧塑料膜盖严墙体及后屋面,上面用砖、石、土等压严。雨季过后应及时维修好土墙和后屋面,将立柱、横拉杆、拱杆等摆正加固,钢筋骨架还需要涂防锈漆进行防腐处理。

(三)建造程序

日光温室的建造过程大致如下。

1. 平整土地和放线 按照设计好的日光温室平面图,用罗盘测定好方位角,确定温室的四个角,在温室的四个角处打好桩,然后确定山墙和后墙的位置。建多个温室时,前后排温室间距要适当,防止冬季遮光,一般间距为温室脊高＋草苫卷高的 2～2.5 倍,或后墙高的 3 倍。

2. 筑墙

(1)土筑墙 筑土墙所用的土,可以采用温室后墙外侧的土,也可以用温室前部栽培床耕层以下的土壤。筑墙用土湿度应合适(手握成团,轻压即散),如果土太干、松散,会影响墙的牢固程度,土太湿则夹板容易沾泥,不仅影响墙体的整齐度,而且墙干后还容易裂缝。如用温室前面的土,可将耕层(厚约 25cm)挖出,放在一边,向底层的生土浇水,一天以后,挖生土做土墙。筑墙前一定要先将墙的基础整平夯实,墙基的宽度应比墙的厚度宽 15～20cm。按土墙的厚度打夹板,填入刚挖出的湿土,填土厚度约 20cm 时,用土夯或电夯夯实,夯实一层以后,再做第二层,直至达到要求高度。山墙要和后墙一起做才坚固,不可分段。

有些地区的土壤黏度很低,不能用夯实的方法建墙,可先在土中搀入一定量的麦秸和泥,做成土坯,待土坯干后,砌土坯墙。砌墙时,土坯之间要用草泥堵严,墙的内外也都要抹草泥。草泥垛墙法适用于黏壤土和黏土地区。方法是:将生土每 20cm 厚撒一层碎稻草或麦秸(长 15cm 左右),堆两层后用水洇土,调成合适的硬泥,即人站上去稍有下沉,但不沾脚。将硬泥每锹互相错位堆垒,垛到 40cm 左右时需要踏实。过 1～2 天后再垛第二层,如此反复达到墙体高度后再用"刀齿"修整墙皮,即把墙皮划成从上到下的竖纹,同时使泥中的草抿下来,便于雨水下流。如果施工质量好,4～5 年内不用抹泥维修。

厚度 1m 以上的土墙要用机械建造,一般先用挖掘机挖出生土,将土堆在后墙的位置,再用四轮拖拉机碾压,每垫土 40～50cm,碾压 6～8 次,垫土 4～5 层,然后进行人工修整,做到内墙平直,外墙坡缓,坚实牢固,注意墙体内侧稍向外倾斜(角度不超过 10°)。钢架温室需要在后墙上固定钢架的位置打水泥顶圈梁,顶圈梁宽度和高度均为 25～30cm,圈梁上固定钢架的位置设钢板预埋件,预埋件上焊一个角铁用来固定拱架,圈梁下方每隔 3m 设水泥柱(截面 25～30cm×25～30cm)支撑。

(2)砖墙 在经济条件好的地区可砌砖墙,砖墙有夹心墙和实心墙外培土两种情况。砖墙施工时要先将地基夯实,先做基础,深一般为 50～60cm,宽度和墙宽相同,用毛石、砂和水泥混和浇筑。基础上面砌墙,砖墙施工时要灰浆饱满,勾好砖缝,抹好灰面,墙的内外都要抹灰,以免漏风。内外墙之间每隔 2～3m 放一块拉手砖,将内外层连接起来,以提高墙的牢固程度。夹心墙内外层砖墙之间的空心不可过大或过小。一般空心的宽度掌握在 5～8cm 之间。空心墙可用炉渣、珍珠岩、麦秸作填料,也可什么也不加,只用空气隔热,不加填料的空心墙,一定要做到没有裂缝。在砖墙封顶时,外墙要砌出一定高度的女儿墙,最好用泥糠封顶 30cm,以使后墙与后屋面衔接紧密,提高保温性能,同时还可防止后屋面上的柴草等下滑。

3. 埋立柱、立屋架 根据图纸,确定各个立柱的位置并用石灰标出。再挖 30～40cm 深的坑,夯实底部,并用砖石等硬物做柱脚,以防止立柱下沉。将立柱全部埋好后要前后调整位置,使各排和各列立柱对齐,其中短后坡温室的中柱要稍向北倾斜 5°。

后屋面骨架分为柁檩结构和檩椽结构。柁檩结构由中柱、柁、檩组成,每 3m 设 1 架柁。柁安装在后排立柱即中柱上,柁头架于立柱上,柁尾架于后墙上或架于后面辅助立柱上,在柁上东西向放檩 3～4 道,搭在屋脊处的檩木叫头檩(或脊檩),后面依次为二檩、三檩,头檩直径不小于 10cm,长度不小于 3.2m;二檩和三檩可细些,其小头直径约 8cm,也可用毛竹竿代替。选择相匹配的柁和中柱为一组,在架设中柱和柁之前,要先在两山墙间拉线,使每架柁前端平齐在此直线上。中柱和柁的位置调好后要把中柱和柁的连接处用钯锔固定连接锁定,并把中柱下端夯实固定,柁在后墙上也用砖石顶压住防止歪斜。脊檩在柁处相连,其他檩错落放置,为防止檩下滑,可在檩下部的柁上钉一块小木块卡住檩木。脊檩长度和温室开间相同时,即脊檩在柁上端连拉时,可用平头对接,用钯锔固定在柁上。脊檩长度和温室开间不相等时,可用锯斜口"拍接"法连接,用钉锁定。有条件的地区可采用檩椽结构,檩椽结构由中柱、脊檩和椽子组成,即只用立柱支撑脊檩,在脊檩上按 30cm 左右的距离铺设木椽,椽头上设檐。

4. 覆盖后屋面 铺设后屋面覆盖物前,在檩条或椽子上覆盖一层废旧的塑料薄膜,在薄膜上摆放成捆的玉米秸,其摆放的方向与檩条或椽子垂直,玉米捆两两一组,梢部在中间重叠,上边一捆的根部搭到脊檩外 15～20cm,下边一捆根部搭在后墙顶上,在玉米秸上再铺麦秸或稻草,然后在其上再铺一层塑料薄膜,上面抹2cm～4cm 厚草泥。后屋面由两层塑料薄膜包裹秸秆、麦组成覆盖物,保温性能优于不加塑料薄膜的普通后屋面。后屋面覆盖好以后,要用草泥将后屋面内侧与温室后墙衔接处抹严。

5. 挖防寒沟 在温室的前沿挖 20～30cm 宽、40cm 深的防寒沟,或埋设 50cm 宽、5cm 厚的苯板代替防寒沟。

6. 埋地锚和后屋面的压膜线固定铅丝 在防寒沟的底部平放一条与温室等长的 8 号镀锌铁丝,其上穿有地锚,地锚是两头做成铁环状的 8 号铁丝,每两根拱杆间设一个地锚。此外,每隔 3m,在铁丝上绑一块砖头或木棍,放在这些地锚固定物之间。

在温室的后墙外侧和东西山墙外侧,用同样的方法挖沟埋地锚,只是温室后墙外侧的地锚间距可加大为 2～3m,埋好后即可填土踏实,铁锚的上部铁环露出地表。地锚还有另外的做法,即用10 号铁丝拴 1 块红砖,埋入地下 30cm,露出地面鼻形圈,每隔 2～3m 设置 1 个,中间用 8 号铁丝或钢筋连接起来。在温室的后屋面上,拉一道 8 号铁丝,两头埋入温室山墙外侧的地下,埋入时要在头部绑重物。后屋面上的铁丝中间再用铁丝或尼龙绳固定,方法是将铁丝或尼龙绳一头绑在铁丝上,另外一头绑在后墙外埋好的铁锚上。

7. 建前屋面 温室前屋面骨架有加强桁架时,前屋面也可取消立柱。竹木结构加强架用直径为 10cm 的圆木做成两折式的支撑架,在室内每 3m 设一排,方法是:每隔 3m 距前底脚 0.5m 处设一木桩,桁架上端搭在柁头或脊檩上,下端埋入土中,在桁架上边立两个小支柱,小支柱上安装横梁,建成悬梁吊柱骨架,横梁上再安拱杆,小吊柱上下两端钻孔,穿细铁丝,下端拧在桁架上,上端和横梁绑紧固定。调整小吊柱,使前屋面的同一位置高度一致(图3-22)。没有加强桁架的温室可直接在每排立柱的顶端东西向绑横梁,在横梁上安装拱杆。

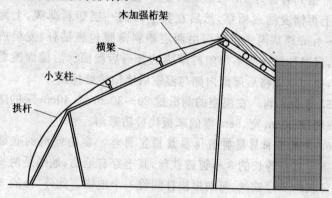

图 3-22　前屋面骨架的安装

拱杆的安装:首先把与桦对应位置的拱杆固定在前排横梁(拉杆)的支柱和脊檩上,然后把两架已固定的拱杆之间按 60～70cm 等距离划分,在前底脚和脊檩上同时标出固定拱杆的位置。把用作拱杆的竹片(竿)两两配成一组。下面一根的基部埋入土中或插在防寒沟里,向南倾斜 45°左右,夯实。为了防止拱杆下沉,还可以在前底脚处设一横杆,把拱杆绑在横杆上。上面一根在脊檩上用钉固定。如用竹片作拱杆,需先用木钻打眼,再用钉固定,以防竹片开裂。上下所用竹片(竿)全部固定好后,两人同时来固定拱杆:一人在外用手握住竹片偏下部位向后拉,一手握住偏上部分向前推,直抵前横梁支柱;另一人抓住上边一根竹片下拽直抵后横梁支柱,上下竹片接触,上边一根压住下边一根固定绑牢。由于受到前、中、后或前、后两道横梁的限制,竹拱杆自然形成与设计要求符合的弯曲度。竹拱杆全部绑好后，再统一调整两竹片重叠处使各拱杆高度一致，而后把重叠处绑牢，再固定于横梁上。

钢架温室一般先固定钢筋骨架，再覆盖后屋面。固定钢骨架之前，先在温室前屋面底脚打水泥底圈梁，规格同顶圈梁，在底圈梁上固定拱架的地方也应设钢板预埋件，然后将钢架在顶圈梁和底圈梁上架好、对正、焊牢，全部拱架焊接完毕后再焊接纵向钢管拉杆，并在屋脊处焊接纵向角铁做纵梁，使钢材骨架连为整体。也可设纵向钢丝代替钢管拉杆，钢丝（隔 25～40cm 设一道）两端固定在东西山墙外的地锚上。固定好整个钢架后再覆盖后屋面。

8. 覆盖薄膜　为了增加温室的蓄热量，在温室骨架做好、墙体基本干透的情况下，扣膜时间宜早不宜迟，最晚也要在定植前 15 天将薄膜扣好，以便为温室消毒和秧苗定植做好准备。采用扒缝放风的方式通风时，温室的薄膜可分两幅或三幅覆盖，其中盖上面的薄膜压下面的薄膜，两者搭接处作为放风口。覆盖两幅时，下面一幅膜宽 3m，上面的膜宽依拱长而定，覆盖三幅时上下两端的薄膜幅宽 2m，中间一幅的幅宽依拱长而定。先固定下面的薄膜，再固定中部和上部的薄膜。选择无风天气或早晨盖膜。先将每幅薄膜的一边卷回，用黏合剂粘合或用电熨斗熨成 5～6cm 宽的筒，装入一根压膜线，用于捆绑固定薄膜。有的多功能乙烯-醋酸乙烯膜，出厂时在薄膜的一侧已经有加工好的筒，可直接穿压膜线。3m 宽的膜固定在离地面 2.5m 高处，2m 宽的固定在离地面 1.5m 高处。薄膜先卷成卷，边覆盖边拉紧，同时边向防寒沟里填土。膜内的压膜线要拉紧，连同薄膜一起，在温室的山墙处埋入地下。上面的一幅或两幅薄膜同样先卷成卷，一端靠山墙埋入地下，而后向另一端铺开，到头后靠近山墙埋入地下。薄膜靠近后屋面的一端固定方式有两种，一种是用竹片和铁钉直接固定在脊檩上。另一种方法是将其用竹片和铁钉固定在脊檩上之后，直接扣在后屋面上。扣于后屋面的宽度为 0.5～1m，越多越好，其上用草泥压实。后屋面未加旧薄膜的温室用这种方法可提高保温性能。

冬季最低气温低的地区也采用放风筒通风，温室只需扣一块薄膜，在顶部每隔 3m 挖一个洞，粘上一个放风筒。膜的长度比温室长度多 3m 左右，加宽 1.5m 左右。先将塑料薄膜放在温室前沿外侧，然后每隔 10m 拴上一道压膜线，压膜线上端固定在温室后屋面外侧的铁丝上，下端固定在前屋面底脚外的地锚铁丝上，压膜线先不拴太紧。然后把薄膜展开并拉到屋脊上，将薄膜盖在屋顶的一端折叠并压下 0.7～1m 的宽度，用木条、铁钉固定在脊檩上。然后把折下的 0.7～1m 宽薄膜翻过来包住脊檩和屋檐，并在屋顶上用草泥压紧固定。如果不能包住屋檐，可将预留部分卷紧再钉在脊檩上，这样扣的薄膜才不至于偏斜。顶部固定好后才能固定薄膜下边：首先，用 3～4 根秫秸、竹竿或木条将薄膜底部一端卷紧，放入温室前沿外侧事先挖好的浅沟中，用土封沟压实后进行固定。东西侧薄膜的固定是将膜包过山墙，再用竹竿、木条或钢筋把薄膜卷紧，在距离山墙顶部 30～40cm 处用铁钉固定。

9. 固定压膜线 薄膜覆盖好以后，要用压膜线将其压紧固定，压膜线最好用市售的聚丙烯温室专用压膜线，有尼龙芯和钢芯两种，也可以用尼龙绳或铁丝代替。先将压膜线的一端绑在温室后屋面上的 8 号铁丝上，从温室上抛下，压在两拱杆之间的薄膜上，下端穿过地锚环，拉紧绑好。固定压膜线的顺序是先稀后密，先大间距固定几根压膜线，再逐渐在每个拱杆之间固定一条压膜线。压膜线和塑料薄膜都有一定的弹性，要在固定好压膜线的第二天和第三天，再紧 2～3 次，才可保证确实压紧，压紧的前屋面薄膜呈波浪状。

10. 上草苫和纸被 纸被用 4～6 层牛皮纸做成，草苫用稻草或蒲草做成，稻草苫宽 1.2～2m，蒲草苫宽 1.8～2.2m，长度以覆盖住温室的前屋面为准，在没有纸被的情况下，可覆盖两层草苫或增加草苫之间的重叠量，每片草苫用两根长度分别为草苫长度的

2倍或略长一些的尼龙绳拉放,每条绳的两端都分别固定于草苫某一端的靠边处,形成两个环,套住草苫。拉放草苫表面的两根绳,可将草苫卷起或展开于温室的前屋面。草苫覆盖有两种方式,一种是一块草苫压住下面两侧的两块草苫,这种方法的优点是温室需要局部揭盖草苫时比较方便,但是草苫覆盖不紧,容易被风刮起来。北方冬季多刮西北风,为防止草苫被风刮起来,草苫多采用连续搭接的方法,一般从温室东侧开始上草苫,西边的草苫压东边的草苫0.2m。卷起的草苫相交错或一前一后摆放在后屋面上,为防止草苫在屋顶上向后下滑,可在每卷草苫的后面挡石块或装土的编织袋。保温被的覆盖比较简单,整个温室前屋面覆盖一块保温被,保温被底部用钢管将保温被连接上,采用自动卷帘机卷放。

草苫的揭盖可采用人工和机械两种方式。自动卷帘机有两种,一种是用减速电机,电机直接安装在卷苫的钢管轴上,电机驱动钢管轴,并在两根钢管带动下卷放草苫;另一种是电机配合减速机,再配置连动装置,依靠自重卷放草苫,需要后屋顶设置东西向固定草苫的装置,装置由水泥柱、粗钢筋或钢管等组成。

11. 出入口的处理　日光温室可在温室的东山墙处留门,门要尽可能地小,门外要建保温间或操作间,门的内外都要挂门帘。一般不在温室的西山墙或后墙处留门。

(四)武优Ⅲ型日光温室的建造过程

武优Ⅲ型日光温室可采用钢架,也可采用竹木结构,跨度为9m,脊高3.6~3.8m,高跨比为1:2.4~2.6,墙体底部宽度达5~6m,上口宽达2~3m。棚内地面较地平面低70cm,后坡长1.1m左右,仰角达45°以上。此种温室投资较大,但棚内有效种植面积较大,增温保温效果大大提高(图3-23)。在衡水的武邑、冀州、武强、阜城、沧州的献县、保定满城、邯郸永年、石家庄晋州等地广泛应用。

1. 武优Ⅲ型日光温室的用料　武优Ⅲ型日光温室的用料见表表3-16。

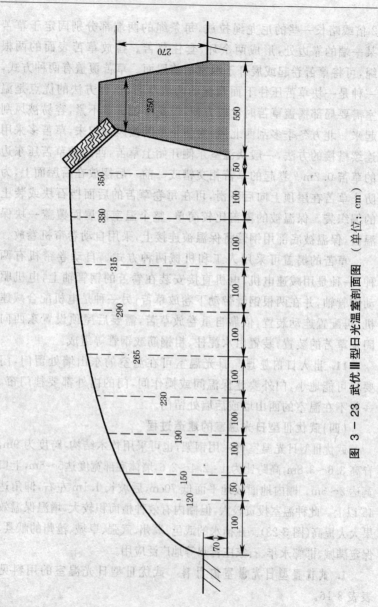

图 3 - 23　武优Ⅲ型日光温室剖面图（单位：cm）

2. 武优Ⅲ型日光温室的建造过程

（1）筑墙　先按棚距 20m 划线，用挖掘机从棚内地面挖土至后墙位置，再用推土机碾轧，垫一层轧一层，最高可垫至 2.9～3m。具体操作时，墙体分四次轧成，棚内地面南北要分为三部分，第一层使用最南侧的土，第二层用中间的土，第三层用北侧的土，最后一层用挖掘机铲平墙体时铲下的土。墙体打好后，用挖掘机将墙内侧粗略铲平，之后人工将后墙面整平。最后用推土机把棚内地面推平。

表 3-16　武优Ⅲ型日光温室的用料　（以 75m×9m 为例）

项 目	规 格	数量
机筑墙	上宽 2.5m，下宽 5.5～6m	90m
钢架	上弦钢管 φ20mm，下弦钢管 φ15mm，壁厚 2.3mm φ 以上	37 根
拉丝	12 号钢丝	150kg
绑丝及地锚丝	8 号铁丝	20kg
地锚砖		120 块
预制件		74 块
托膜杆	长 5m	200 根
绑绳		5kg
后坡膜	厚 0.8mm	15kg
吊蔓钢丝	18 号钢丝	15kg
压膜线		20kg
地膜	0.004mm×1.3m	3kg
棚膜	0.8～1mm 乙烯醋酸乙烯	880m²
草苫		100 个
工作间		1 个
二层膜	0.8mm	75kg

按 2007 年的物价水平估算,本温室的建造成本在 2.3 万元左右。

(2)焊制骨架 先按长轴 a＝15m、短轴 b＝4.3m 划一椭圆(图 3-24),截取在长轴 6.2～15m 处对应的一段弧 AB。在长轴 5.5m 处做垂线,截取 1m 线段 CD,连接 BD,并将弧 AB 和直线 BD 的连接部位自然弯曲。以弧 ABD 做模具焊制骨架,上弦用 ϕ20mm 的无缝钢管,下弦钢管 ϕ15mm,钢管壁厚 2.3mm 以上,上下弦之间用 ϕ10mm 的钢筋拉花连在一起。在前屋面和后坡骨架的下弦之间焊两道斜拉梁拉梁间距 10cm,以提高骨架的抗压能力。也可按此参数采用水泥立柱结构。

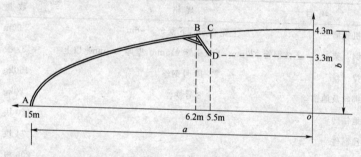

图 3-24 武优Ⅲ型日光温室骨架曲线制作图

(3)安装骨架 先埋骨架基础:在后墙高 2.5m 的位置,按间距 2m 距离挖坑,坑内平放一块 0.5m² 的预制板,用于固定骨架。另在前屋面底脚处每隔 2m 埋入一根长 0.8～1m,截面边长不小于 10cm 的预制水泥桩,埋深 50～60cm,地上部分用于固定骨架。基础埋好后,在山墙两头先固定两根骨架,在屋脊处固定一根钢丝,然后将中间的骨架依次固定。

(4)钢丝安装 先埋地锚,在东西山墙外 0.5～1m,分别挖一道≥0.5m 深的沟,用 8 号铁丝捆地锚砖或预制件埋在沟内,并灌水夯实。然后将东西山墙略低于棚架铲平,在墙外侧支上垫木,以兔钢丝勒入墙内。最后铺设钢丝，前坡隔 40cm 一道，后坡隔 15cm 一道，在钢丝与骨架的结合处用 12 号铁丝绑紧。另外，在钢架的下面要拉上 3～4 道钢丝，在吊蔓时用。

(5)做后坡　在后坡钢丝上铺一层 3m 宽棚膜，底部压到墙处，然后在后墙与后坡之间填上玉米秸等轻型保温材料，再将膜反过来包住柴草，最后上土。

(6)建工作间　在走路干活比较方便的一侧山墙或后坡上挖出入口，并盖上工作间。

(7)绑前坡托膜棚杆、盖膜　在前坡钢丝上，每空绑 2～3 道托膜棚杆，并将山墙抹平，然后盖膜，膜要上下左右拉紧，边扣膜边用压膜线固定。

温室建好后还可安装一些辅助设备，如卷苫机、滴灌等。

(五)改良冀优Ⅰ型日光温室的建造过程

改良冀优Ⅰ型日光温室是由砖体后墙、钢管拱架、预制板后坡组成的无立柱日光温室(图 3-25)。冬季室内最低气温一般 8℃以上。温室的跨度一般为 6.7～7m，长度为 50～60m，脊高 2.8m。后墙宽 1m，内高 1.6m，外高 2.3m，两山墙宽 1m。后坡是与拱架连成一体的钢管结构，长 1.2m，仰角为 45°左右。前屋面拱圆形，主采光角 24°左右；床面比地面低 20cm。

1. 墙体建造

(1)地基　墙基深度 40～50cm。先挖宽 1.2m 的沟，填入掺有石灰的二合土 10～15cm 厚，夯实。用砖砌墙到地平面。

(2)后墙　用砖砌成的宽 1m 的空心墙(24cm 砖＋52cm 空心＋24cm 砖)，每隔 1m 砌一道 12cm 的横向拉墙，使空心墙连接成一整体，要随砌墙随填土。当后墙砌至 1.6m 高时，内侧墙停止，外侧墙继续砌至 2.3m 高。在墙高 1.2m 时要留放风口，可用直径 33cm 的水泥管，也可留成 30～40cm 的方窗。放风口间距 5m。

(3)山墙　用砖砌成 1m 宽的空心墙(同后墙)，要边砌墙边填土,按照温室前屋面的形状砌成半拱圆形。脊高 2.8m,其上用草泥或水泥抹平。在临路的一侧山墙上留宽 90cm、高 180cm 的门。

2. 焊制及安装拱架

(1)焊制拱架　按照图 3-25 的形状焊制拱架。

(2)浇注前底脚预埋铁　在温室前沿每隔 1m 安放拱架的地方挖一个 30cm 见方的坑,用水泥、石子浇固定预埋铁。

(3)安装拱架　拱架上弦钢管用国标 6″(ϕ25mm) 管,下弦用国标 4″(ϕ20mm) 管,上下两层钢管之间用 ϕ10～12mm 钢筋"V"字形连接,将拱架上端按放在后墙上,用水泥、石子浇注固定;下端安焊接在预埋铁上。拱架安装要与地面垂直,切忌倾斜。拱架间隔 1m,拱架与拱架之间用横向拉筋(ϕ10～12mm 钢筋)连接,拉筋与拱架的下弦钢管焊接,两端固定在山墙上。前屋面的横向拉筋一般使用 5 道,上端密些,下端适当稀些。

3. 做后坡　在后坡拱架上东西向焊 3～4 道拉筋(起檩的作用),拉筋与拱架的上弦钢管焊接,然后将提前预制好的后坡护板(采用水泥预制板,厚 6cm,宽 60cm,长 120cm。内放直径 5mm 的冷拔丝 4 根),紧密地斜靠在拱架拉筋上。后坡护板与后墙之间填土或炉渣,表面铺一层旧塑料薄膜,用草泥抹平。

4. 上薄膜　薄膜一般用三块以便放风,上下端的薄膜幅宽均为 2m,中间一块幅宽 5m,薄膜之间重叠 50cm。薄膜的两端卷木板或木棍后固定在山墙上。膜上用压膜线压紧,或用直径 3cm 的竹竿固定压膜。

5. 挖防寒沟　在温室东、南、西基础外侧挖深 40～60cm、宽 30cm 的沟,沟内铺一层幅宽 2m 的地膜,然后填满碎草、锯末、马粪等,把草压实后盖土。

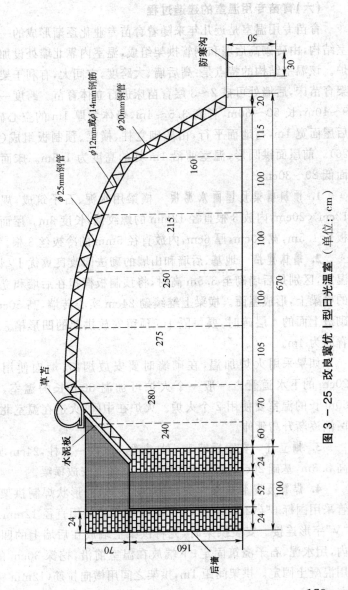

图 3-25 改良冀优Ⅰ型日光温室（单位：cm）

(六)育苗专用温室的建造过程

育苗专用温室是近几年来随着育苗专业化逐渐形成的一种温室结构,由砖砌高后墙和钢管拱架组成,温室内靠北墙处设加温火炉。该温室结构的特点是:高后墙、大跨度,空间大,有利于架设高架育苗床,后墙处可搭 2~3 层育苗床进行立体育苗。跨度一般为 9~10m,长 50~60m,脊高 3.5~4m,墙体为厚 1m 的空心砖墙。后屋面宽 1m,与地面平行,由砖砌立柱、横梁、预制板组成(图 3-26)。前屋面拱圆形,温室前沿 1m 处的高度为 1.5m。床面比地面低 20~30cm。

1. 预制横梁及屋面水泥板　横梁用水泥、石子筑成,规格为 12cm×20cm,内放 3 根直径 12mm 的螺纹钢,长度 3m。屋面水泥板长 1.5m,宽 50cm,厚 6cm,内放直径 5mm 的冷拔丝 3 根。

2. 墙体建造　地基、后墙和山墙的砌法同改良冀优Ⅰ型日光温室,区别是后墙砌至 3.5m 高时,将预制板横担在后墙和立柱上的横梁上,形成屋面。横梁上继续砌 24cm 实心砖墙,高 50cm,在砌最上面的 4 层砖时,要每隔 1m 预留安放拱架的凹形槽。山墙脊高为 4m。

如果采用火炉加温,在砌墙时要安放烟囱,烟囱使用直径 20cm 的下水道管。一般一个火炉可加温 30m 长的温室,50~60m 长的温室要使用 2 个火炉。火炉在中间,火道在温室北墙向两端逐渐升高延伸。

3. 砌立柱　在距后墙 1m 处,每隔 3m 砌一立柱,24cm 见方,高 3.3m,基础 20cm,四周水泥抹平。立柱上安放横梁。

4. 焊制及安装拱架　先按照(图 3-26)的形状焊制拱架。钢管采用国标 6″(φ25mm)管,上下两层钢管之间用直径 12mm 钢筋"V"字形连接。安装拱架时,先将拱架上端放在后墙上的凹型槽内,用水泥、石子浇筑固定;下端放在温室前沿,挖深 30cm 的坑,用混凝土固定。拱架间距 1m,拱架之间用横向拉筋(12mm 钢筋)

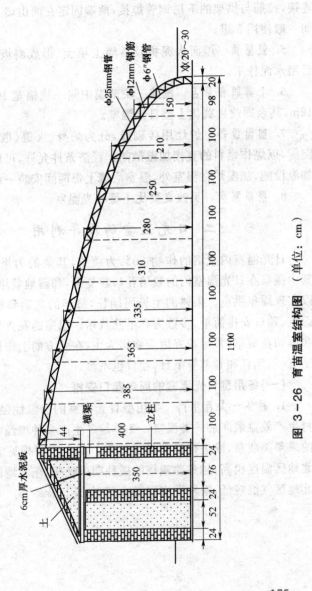

图 3-26 育苗温室结构图 （单位：cm）

连接,拉筋与拱架的下层钢管焊接,两端固定在两山墙上。横向拉筋一般使用 5 道。

5. 做屋顶 屋面水泥板及后墙上填土,形成斜坡,表面墁砖后用水泥抹平。

6. 上薄膜和草苫 覆盖三块薄膜中间一块幅宽 10m,草苫长 12m,其余同改良冀优 I 型日光温室。

7. 加温设备 炉灶用砖砌成,分为炉身、火道(散热器)及烟囱等,以煤作燃料的直接加温散热。经济条件允许,可以安装水暖加温设施,加温炉在温室外,温室后墙上每两间安装一组暖气片。

8. 挖防寒沟 见改良冀优 I 型日光温室。

二、日光温室的周年利用

日光温室内栽培的作物 80% 为蔬菜,其余的为果树和花卉。其中蔬菜在日光温室内的栽培茬口较复杂,和露地栽培相配合,可以实现周年供应。果树的生长周期长,每年的花期和收获期比较固定,茬口安排简单,多数为春早熟栽培。温室的花卉生产以盆花和鲜切花栽培、常绿花卉短期栽培为主,在北方的上市期多数集中于五一、元旦和春节等节日,茬口也不多。

(一)冬用型日光温室的周年茬口安排

1. 越冬一大茬生产 冬用型日光温室的保温性强,是目前农村生产效益最高的一类温室。冬季越冬生产多种植经济效益较高的果菜类蔬菜,或进行草莓促成栽培。其生产安排见表 3-17。华北地区温度稍高,越冬茬栽培的播种期可晚些,东北地区南部及西北地区气温较低,播种期应取表 3-17 中的上限。

表 3-17 冬用型日光温室越冬一大茬生产安排

种 类	播种期	定植期	采收期	品 种
黄 瓜	9 月中下旬至 10 月上旬	10、11 月	12 月下旬至 翌年 6 月	津优 30 号、津绿 3 号、盛丰 3 号、顶峰、中农 11 号等
西葫芦	9 月下旬至 10 月中旬	10、11 月	12 月中旬至 翌年 5 月	冬玉、超级冬玉
番 茄	8～9 月	9～11 月	11 月下旬至 翌年 7 月	以色列 DC-5、以色列 185、红利、倍盈、科瑞斯、中杂 8 号、金棚、金冠等
茄 子	8 月下旬至 9 月中旬	10 月下旬至 11 月中旬	翌年 1 月上旬至 7 月	二茛茄、天津快圆、丰研 2 号
甜 椒	11 月	翌年 2 月上旬	3 月下旬至 10 月	中椒 3 号、冀研 6 号、红罗丹、萨菲罗等
鲜食辣椒	8 月下旬至 9 月上旬	10 月下旬至 11 月中旬	翌年 1 月上旬至 7 月	保加利亚尖椒、农研 19 号、世农 SN1312、金川 298、苏椒 5 号等
草 莓	—	8 月中旬至 9 月上旬	12 月上中旬至 翌年 4 月	丰香、章姬、宝交早生、卡麦罗莎等

2. 秋冬茬、冬春茬两茬生产 这是日光温室最常见的茬口安

园艺设施建造与环境调控

排,具体种植茬口主要为果菜→果菜,也有部分茬口为叶菜→果菜,具体作物种类和生长期见表 3-18 和表 3-19。

表 3-18　华北地区冬用型日光温室秋冬茬、冬春茬两大茬生产安排

秋冬茬→冬春茬	播种期	定植期	采收期	品　种
番　茄	7 月下旬至8 月上旬	8 月下旬至9 月中旬	11 月上旬至翌年 1 月上旬	科瑞斯、倍盈、百灵、金棚、保冠1 号、金冠等
→黄瓜	11 月中旬至12 月上旬	翌年 1 月中下旬	2 月下旬至5 月下旬	中农 13 号、津绿 3 号等
或青花菜	9 月上旬	11 月上旬	12 月下旬至翌年 3 月	绿岭、里绿王、曼陀绿、蒙特瑞、万蕾等
西葫芦	8 月下旬至9 月上旬	9 月下旬至10 月上旬	11 月上旬至翌年 1 月中旬	法国冬玉、冬圣、百利、法拉丽、凯旋 7 号等
→番茄	10 月中旬至11 月上旬	翌年 1 月中旬至2 月上旬	3 月中旬至6 月下旬	玛瓦、金棚、金冠、卡依罗等
黄　瓜	7 月中下旬	8 月中下旬	9 月上旬至12 月下旬	津优 21、津绿3 号、裕优 3 号、津杂 1 号、博耐13、寒月、寒盛
→茄子	10 月中旬至11 月上旬	翌年 1 月下旬至2 月上旬	3 月下旬至6 月上旬	圆杂 2 号、快圆、墨星 1 号、快星、茄杂 2 号等
或辣椒	10 月下旬	翌年 1 月上中旬	3 月下旬至7 月上旬	红英达、安达莱、圣方舟、快星、保加利亚尖椒、苏椒 5 号等

续表 3-18

秋冬茬→冬春茬	播种期	定植期	采收期	品 种
菜 豆	8月中旬至 9月上旬	9月中旬至 10月上旬	10月下旬至 翌年1月中旬	美国黑架豆、 双丰2、4号等
→茄子	10月中旬至 11月上旬	翌年1月下旬至 2月中旬	3月下旬至 7月上旬	二茋茄、天津 快圆、丰研2号、 茄王等
草 莓	—	8月中旬至 9月上旬 (10月上中旬扣棚)	12月上中旬至 翌年4月	丰香、章姬、宝 交早生、卡麦罗 莎等
→番茄	12月中旬至 翌年1月上旬	2月中旬至 3月下旬	4月上旬至 7月	
或甜瓜	1月中旬至 2月中旬	2月中旬至 3月下旬	5月上旬至 7月	伊丽莎白、状元、 蜜世界、元帅、夏龙 和以色列、荷兰的网 纹厚皮甜瓜等
韭菜(不回青)	4、5月	10月初扣棚	11月初至 翌年1月初	791、平韭4 号、日本奇异、韭 宝F1等
→黄瓜	11月中下旬	翌年1月上中旬	2月中旬至 5月末	中农13号、津 绿13号、津绿3 号、碧春等
或西葫芦	12月中下旬	翌年1月下旬至 2月上旬	2月下旬至 5月中旬	冬玉、纤手、灰 采尼等

表3-19　东北南部、西北地区冬用型日光温室秋冬茬、冬春茬两大茬生产安排

秋冬茬→冬春茬	播种期	定植期	采收期	品　种
番茄	8月上旬至9月上旬	10月	翌年1月中旬至3月上旬	东农712、金棚、保冠1号、金冠等
→黄瓜	12月上中旬	翌年3月上旬	4月中旬至6月下旬	中农13号、津绿3号等
菜豆	8月上旬	—	11月上旬至12月下旬	老来少、四季豆、哈豆1号等
→番茄	11月上中旬	翌年1月中下旬	3月下旬至4月上旬	东农711、玛瓦、金棚、金冠、卡依罗等
黄瓜	6月下旬至7月中旬	7月中旬至8月上旬	9月中旬至12月上旬	津优21、津绿3号、裕优3号、津杂1号、博耐13、寒月、寒盛
→茄子	12月中旬	翌年3月中旬	5月上旬至7月上旬	西安绿茄、紫月长茄、辽茄4号、辽茄5号等
或番茄	12月下旬	翌年2月下旬至3月上旬	4月下旬至6月上旬	玛瓦、金棚、金冠等
菜豆	7月上旬	—	11月上旬至12月下旬	美国黑架豆、双丰2、4号等
→茄子	1月上旬	3月下旬	5月中旬至7月下旬	西安绿茄、紫月长茄、辽茄4号、辽茄5号等

续表3-19

秋冬茬→冬春茬	播种期	定植期	采收期	品 种
草莓	—	8月中旬至 9月上旬	12月上中旬 至翌年4月	丰香、女峰、鬼怒甘、宝交早生等
→甜瓜	1月初	2月初	5月中旬至 7月	永甜3号和7号、航天时代2008、宝甜3号等薄皮瓜，伊丽莎白等厚皮瓜

3. 一年多茬生产 一年生产三茬及三茬以上蔬菜称为一年多茬栽培。一年多茬栽培通常采取果菜和叶菜、或芽菜、或花菜接茬的栽培方式。

辽南和华北地区冬季较温暖，温室生产秋冬茬和冬春茬蔬菜，再加一茬露地菜构成多茬，露地菜可种果菜、花菜或叶菜。如番茄—夏白菜—黄瓜，其中冬春茬番茄12月上旬播种，翌年2月上旬定植，4月至6月下旬收获；夏茬大白菜6月上旬播种，6月下旬定植，8月中旬收获；秋冬茬黄瓜8月下旬定植，9月中旬至翌年1月下旬收获。另外的茬口还有番茄—黄瓜—花椰菜，苦瓜或丝瓜—豇豆—花椰菜或夏白菜等。

东北及西北高寒地区冬季寒冷，往往在秋冬季节生产耐寒性叶菜、花菜，春夏季生产喜温性果菜，如番茄—芫荽或茼蒿—蒜苗—蒜苗，芹菜或花椰菜—樱桃萝卜或油菜—黄瓜或番茄—香菜或夏白菜等。

4. 夏季利用 一年多茬生产往往夏季没有休闲期，但长期生产容易产生连作障碍。因此，夏季应适时安排休闲期，在休闲期可种植一茬农作物如玉米、水稻，利于轮作防病，也可进行速生鱼类养殖，不仅可实现水旱轮作，减少土壤中的病菌量，还有一定的经济效益。最好的方法是进行太阳能土壤消毒。具体做法是：在地面撒碎稻草段或碎麦秸(长 2～3cm),并撒石灰,然后用机械旋耕或人工翻地,放大水呈水淹状态,覆盖地膜或棚膜。利用强光的照射使膜下土壤温度升高到 50℃以上,维持 15～20 天,可消除土中大部分病菌和线虫等有害生物。

(二)春用型日光温室的周年茬口安排

1. 越冬一大茬生产 春用型日光温室的保温性较差,冬季一茬生产多为耐寒叶菜及草莓半促成栽培(表 3-20)。

表 3-20 春用型日光温室越冬一大茬生产安排

种 类	地 区	播种期	定植期	采收期	品 种
芹菜	华北	7月	9月	12月中旬至翌年5月	文图拉、荷兰西芹、冬芹、高优它等
	东北南部、西北	7月下旬	9月上旬	11月下旬至翌年5月	
韭菜	华北	3月下旬至4月上旬	10月中下旬扣膜	11月中下旬至翌年3月	791、汉中冬韭、紫根韭等
	东北南部、西北	4月中旬	9月中下旬扣膜	10月下旬至翌年4月	
草莓	华北	—	8月中下旬	翌年3月上旬至5月	达赛莱克特、全明星、宝交早生等
	东北南部、西北	—	8月上中旬	翌年4月上中旬至6月	

2. 秋冬茬、冬春茬两大茬生产 春用型日光温室秋冬茬多种植耐寒叶菜,冬春茬多种植果菜类蔬菜,但定植期较晚,接近早春茬(表 3-21)。华北地区冬春茬栽培的播种期可早些,东北地区南部及西北地区可晚些。

3. 秋冬茬、冬茬、冬春茬三大茬生产 秋冬茬种植叶菜和花菜时,与冬春茬果菜接茬有较长时间,可在空闲期加种一茬速生性叶菜,形成三大茬生产(表 3-22)。华北地区冬春茬的播种期可取表 3-20 中的上限,东北地区南部和西北地区的播种期取下限。

表 3-21　春用型日光温室秋冬茬、冬春茬两大茬生产安排

茬　口	种　类	播种期	定植期	采收期	品　种
秋冬茬	芹菜	7月	9月	12月中下旬至翌年1月中下旬	文图拉、高优它、皇后、荷兰西芹、冬芹等
秋冬茬	韭菜（不回青）	4～5月	6～7月	10、11月至翌年1月中下旬	791、嘉兴白根、四川犀浦韭等
冬春茬	番茄	11月中旬至12月下旬	翌年2月中旬至3月上旬	4、5月至7月上中旬	合作908、佳粉15、中杂11、玛瓦、特宝、以色列189等
冬春茬	黄瓜	12月中旬至翌年1月中旬	2月中旬至3月上旬	4月上旬至6、7月	津优2号、中农11号、甘丰、满冠、盛丰3号等
冬春茬	甜瓜	1月	2月下旬至3月上旬	4、5月至7月	伊丽莎白、状元、蜜世界、蜜兰、白姬、女皇等

表 3-22　春用型日光温室秋冬茬、冬茬、冬春茬三大茬生产安排

茬　口	种　类	播种期	定植期	采收期	品　种
秋冬茬	芹菜	7月上旬	9月上旬	11月下旬至12月上旬	文图拉、荷兰西芹、高优它等
冬茬	韭菜	12月中旬	—	翌年1月下旬	791、嘉兴白根、四川犀浦韭等
冬春茬	番茄	11月中旬至12月下旬	翌年2月上旬至3月上旬	4月至6月上中旬	合作908、佳粉15、中杂11、鲁番茄4号等
秋冬茬	青花菜	8月中下旬	9月中下旬	11月中下旬至12月上旬	绿岭、里绿王、曼陀绿等

续表 3-22

茬 口	种 类	播种期	定植期	采收期	品 种
冬 茬	奶白菜	12 月上中旬	—	翌年 1 月下旬	华王、华冠等
冬春茬	黄 瓜	12 月上中旬	翌年 2 月上旬至 3 月上旬	3、4 月至 6 月	津春 4 号、中农 11 号等

4. 一年多茬生产 在温室中种植生长期较短的叶菜类等速生性蔬菜或芽菜,可以种植多茬,通过排开播种、分批采收,实现周年上市。速生性蔬菜种类较多,如生菜、油菜、香麦菜、苋菜、菜心、芥蓝、空心菜、樱桃萝卜、茼蒿、茴香、小白菜等,1 年可种植 4~5 茬。芽菜种类也较多,其生长期更短,每年可种植 7~10 茬,如豌豆苗、黑豆芽等。

速生性叶菜还可与果菜、食用菌等配合种植,如芹菜→平菇→黄瓜→菜豆→油菜,油菜→黄瓜→芹菜→辣椒,甘蓝或花椰菜→茄果类蔬菜→叶菜类蔬菜→苤蓝等。

5. 夏季休闲 同冬用型温室夏季休闲期管理。

复习思考题

1. 日光温室的构造有哪些特点和要求?
2. 什么是冬用型日光温室和春用型日光温室?
3. 连栋温室由哪些系统组成?
4. 日光温室如何进行合理的周年利用?

第四章　园艺设施的覆盖材料

随着化工业的发展,园艺设施的覆盖材料品种不断更新,除玻璃外,各种塑料薄膜、有机树脂板、防虫网、遮阳网、无纺布等也已成为园艺设施的重要组成部分,并且覆盖材料从传统的单一保温功能延伸到减少病虫害发生、提高品质等多功能上。本章将着重叙述园艺设施中常见覆盖材料的种类、性能及应用。

第一节　透明覆盖材料的种类和特性

透明覆盖材料种类很多,在园艺设施中应用均需具有良好的采光性、较高的密闭性和保温性,必要时可进行换气,具有较强的韧度和耐候性以及较低的成本等特点。不同的栽培方式和用途,要求有不同特性的覆盖材料(表 4-1)。

表 4-1　不同设施与用途对覆盖材料特性的要求

用　途		光学特性				热特性			湿度特性			机械特性				
		透光性	选择性透光性	遮光率	散光性	保温性	隔热性	通气性	防滴性	防雾性	透湿性	展张性	开闭性	伸缩性	强度	耐候性
外覆盖	温室	●	○	—	○	●	—	●	●	—	—	●	◎	○	●	●
	中小棚	●	—	—	○	●	—	●	●	—	—	●	◎	○	●	○
	防雨	●	◎	—	○	●	—	●	●	●	◎	—	○	○	●	●
内覆盖	固定	●	○	—	●	●	●	●	●	●	○	—	—	○	●	◎
	移动	◎	○	—	—	●	●	—	—	—	—	●	●	○	—	◎

续表 4-1

用途	光学特性				热特性			湿度特性			机械特性				
	透光性	选择性透光性	遮光率	散光性	保温性	隔热性	通气性	防滴性	防雾性	透湿性	展张性	开闭性	伸缩性	强度	耐候性
地膜覆盖	—	◎	●	—	●	○	○	●	—	—	—	●	—	—	○
遮阳	—	◎	●	—	—	●	●	●	—	—	◎	●	●	●	●
浮面覆盖	●	—	◎	○	—	—	●	●	—	●	—	—	◎	—	—

注:● 选择时必须特别考虑的特性;◎ 指选择时必须注意的特性;○ 选择时可参考特性;— 指选择时不必考虑的特性;温室指玻璃温室和塑料温室等;防雨指夏季只覆盖顶部的栽培方式浮面覆盖指无纺布和凉爽纱等用于保温或抑制升温

一、塑料薄膜

按其母料分类,目前我国使用的农用薄膜主要可分为聚氯乙烯、聚乙烯和最近开发出的乙烯-醋酸乙烯多功能复合膜等三大类。

(一)聚氯乙烯薄膜

聚氯乙烯薄膜种类繁多,有较好的综合性能,是我国农业生产上推广应用时间最长、数量最大的一种,是世界上许多国家使用最普遍的薄膜之一。

聚氯乙烯薄膜透光性好,初始透光率可达 90%,对不同波长光的辐射透过率不同,对光合有效辐射的透过率高,而在长波辐射区域的透过率较低,因此可以有效地抑制棚室内的热量以热辐射的方式向棚室外散失,增温性、保温性较强。聚氯乙烯薄膜的强度较高,耐候性较好,柔软易造型,黏合、铺张、修补都比较容易,适合作为温室、大棚及中小棚的外覆盖材料。

聚氯乙烯薄膜使用一段时间以后,薄膜中的增塑剂会慢慢地析出,使其透明度降低,加上聚氯乙烯表面的静电性较强,容易吸附尘土,使薄膜的透光率衰减加快。聚氯乙烯薄膜的密度大,一般为 $1.3g/cm^3$,同样质量、同样厚度的薄膜,覆盖面积要比聚乙烯膜少近 $1/3$,因此聚氯乙烯成本较高。聚氯乙烯薄膜耐寒性较弱,低温下变硬,脆化温度为 $-50℃$,在温度为 $20℃\sim30℃$ 时则表现出明显的热胀性,往往表现出昼松夜紧,在高温强光下容易软化松弛,在有风的季节容易被磨损,因此不适于高温炎热的夏天应用。聚氯乙烯薄膜残膜不可降解,燃烧时有毒性气体放出。

1. 普通聚氯乙烯 是由聚氯乙烯树脂添加增塑剂经高温压延而成,其厚度为 $0.1\sim0.15mm$。普通聚氯乙烯对不同光波区的辐射透过率存在差异,紫外光($\leqslant300nm$)透过率为 20%,可见光($450\sim650nm$)透过率为 $86\%\sim88\%$,近红外光($1500nm$)透过率为 $93\%\sim94\%$,中红外光($5000nm$)透过率为 72%,远红外光($9000nm$)透过率为 40%。据测定,新的普通聚氯乙烯薄膜使用半年后,透光率由 80% 下降到 50%,使用 1 年后下降到 30% 以下,失去使用价值。普通聚氯乙烯的强度较高,拉伸强度为 $19\sim23Mpa$,伸长率为 $250\%\sim290\%$,冲击强度为 $14.5N/cm^2$。由于制膜过程不加入耐老化助剂,普通聚氯乙烯薄膜的有效使用期较短,一般为 6 个月,可生产一季作物。

普通聚氯乙烯薄膜在 20 世纪 60 年代初应用于小拱棚蔬菜栽培,1966~1976 年间在大棚蔬菜生产上大面积推广应用,对蔬菜的早熟、增产、增益效果明显,但由于耐候性差、燃烧处理等缺点使它正逐步被淘汰。

2. 聚氯乙烯防老化膜 在聚乙烯树脂中,添加一定比例受阻胺光稳定剂或紫外线吸收剂等耐老化助剂压延而成,有良好的透光性、保温性,有效使用期达8~12 个月。这种薄膜在大棚、中小拱棚上覆盖的主要材料,多用于春提早和秋延后栽培。

3. 聚氯乙烯长寿无滴膜（PVC 双防膜）　在聚氯乙烯树脂中，添加一定比例的增塑剂，受阻胺光稳定剂或紫外线吸收剂等防老化助剂和聚多元醇脂类或胺类等复合型防雾滴助剂压延而成，同时具有防老化和流滴的特性，透光性和保温性好，有效使用期 8～10 个月。防雾滴剂的加入使薄膜表面发生水分凝结时不形成露珠附着在薄膜表面，而是形成一层均匀的水膜，顺倾斜膜面流入土中，使透光率大幅度提高，同时减少了植株病害的发生，聚氯乙烯与防雾滴剂分子间形成的弱结合键，增塑剂的加入使防雾滴剂分散均匀，因此聚氯乙烯长寿无滴膜滴滴性能好且持久，流滴持效期可达 4～6 个月。这种薄膜厚度 0.12mm 左右，应用较为广泛，是目前最高效节能型日光温室果菜类越冬生产首选的覆盖材料，作大棚覆盖材料效果更好。

4. 聚氯乙烯长寿无滴防尘膜　在聚氯乙烯长寿无滴膜的基础上，增加一道表面涂敷防尘工艺，使薄膜外表面附着一层均匀的有机涂料，该层涂料的主要作用是阻止增塑剂、防雾滴剂向外表面析出。除具有耐候流滴性能外，由于阻止了增塑剂向外表面析出，使薄膜外表面的静电性减弱，从而起到防尘提高透光率的作用。由于阻止了防雾滴剂向外表面迁移流失，从而延长了薄膜的流滴持效期。另外，在表面敷料中还加入了抗氧化剂，从而进一步提高了薄膜的防老化性能。这种薄膜对日光温室冬春茬生产更为有利。

（二）聚乙烯薄膜

与聚氯乙烯薄膜相比，聚乙烯薄膜质地轻、密度小，一般为 $0.92～0.95g/cm^2$，仅为聚氯乙烯薄膜的 70% 左右，生产成本较低。聚乙烯薄膜还具有吸尘少，无毒、无增塑剂释放等特点，使用一段时间后的透光率下降要比聚氯乙烯薄膜不明显。聚乙烯耐寒性强，其脆化温度为 $-70℃$。聚乙烯薄膜热胀性不明显，因此覆盖比较容易。虽然聚乙烯薄膜不易黏结，但是聚乙烯薄膜质地柔软、易造型,可以用吹塑法生产不同幅宽(1~16m)的产品,长度任意,以供温室、大棚及中小棚的外覆盖的需要,可省去不少拼接薄膜的劳力和时间。适于作各种棚膜、地膜,是我国农业生产中用量最大的农膜品种之一。目前南方大棚蔬菜生产上应用较多的是聚乙烯膜,聚氯乙烯膜应用较少。

与聚氯乙烯薄膜相比,聚乙烯薄膜初始透光率稍差,在紫外线区透过率较高,在可见光区域透过率较低,而在中远红外区域透过率远高于聚氯乙烯薄膜,因此聚乙烯对光合有效辐射的透过率低,增温性、保温性低于聚氯乙烯薄膜。聚乙烯薄膜表面易附着水滴也是降低其透光性的原因之一。聚乙烯薄膜的强度低于聚氯乙烯薄膜,而且聚乙烯薄膜对紫外线的吸收率较高,因此大多聚乙烯薄膜的使用寿命要比聚氯乙烯薄膜短。

1. 普通聚乙烯薄膜 是由低密度聚乙烯(LDPE)树脂或线型低密度聚乙烯(LLDPE)树脂吹制而成的白膜。普通聚乙烯薄膜紫外光(≤300nm)透过率为55%~60%,可见光(450~650nm)透过率为71%~80%,近红外光(1 500nm)透过率为88~91%,中红外光(5 000nm)透过率为85%,远红外光(9 000nm)透过率为84%。新的普通聚乙烯薄膜使用半年后,透光率由75%下降到65%,使用1年后仍在50%以上。普通聚乙烯薄膜平均保持温度要比聚氯乙烯薄膜低1℃~2℃。普通聚乙烯的机械强度较低,拉伸强度<17Mpa,伸长率为493%~550%,冲击强度为7N/cm²,韧性和回弹性较差,但是在使用期间下降的速度要比聚氯乙烯薄膜小。普通聚乙烯薄膜对紫外线吸收率较高,容易引起聚合物的光氧化而加速薄膜的老化,发生表面龟裂、脆化等现象,使用寿命仅为3~6个月,种植一茬作物。普通聚乙烯薄膜厚0.06~0.12mm,幅宽2~4m,不适用于高温季节的覆盖栽培,作为大棚及中小棚春提早和秋延后覆盖栽培仍占较大比例,也可用于大棚内的二层幕、裙膜或大棚内套小棚覆盖。但是普通聚乙烯薄膜浪

费能源,增加用工,生产上已逐步被淘汰。

2. 聚乙烯防老化膜 在聚乙烯树脂中按一定比例添加防老化助剂吹塑成膜,这种棚膜克服了普通聚乙烯膜不耐高温日晒、不耐老化的缺点,厚度 0~0.12mm,幅宽 1~4m,有效使用期可达 12~18 个月,可进行 2~3 茬作物栽培,适合设施周年覆盖栽培,不仅降低生产成本、节省能源,而且使产量、产值大幅度增加,是目前设施栽培中重点推广的农膜品种,应用面积较大。

3. 聚乙烯保温棚膜 在聚乙烯树脂中加入无机保温剂吹塑成膜。这种覆盖材料能阻止远红外线向棚室外的长波辐射,可提高棚室保温效果 1℃~2℃,在寒冷地区应用效果较好。

4. 聚乙烯长寿无滴膜(PE 双防膜) 在聚乙烯树脂中按一定比例添加防老化和防雾滴助剂,通过三层共挤加工工艺生产的农膜,同时具有流滴性、耐候性、透光性、增温性等性能。这种薄膜透光率比普通聚乙烯薄膜提高 10%~20%,使用寿命达 12~18 个月,防雾滴效果可保持 2~4 个月,无滴期内棚内空气湿度降低,早春病虫的发生减轻。这种薄膜厚度 0.1~0.12mm,是目前性能较全、使用广泛的农膜品种。不仅适于大、中、小棚和节能型日光温室早春茬栽培,也可用于大棚内的二层幕、棚室冬春连续覆盖栽培。

5. 聚乙烯多功能复合膜 采用三层共挤设备将具有不同功能的助剂(防老化剂、防雾滴剂、保温剂)分层加入制备而成。一般来说,防紫外线添加剂相对集中于最上层(指与外界空气接触的一层),使其具有防老化性能,延长薄膜使用寿命;防雾滴剂相对集中于内层(指与棚室内空气接触的一层),使其具有流滴性,提高薄膜的透光率;保温剂相对集中于中层,具有阻隔红外线的能力,抑制棚室内热辐射流失,使其具有保温性。这种薄膜使用期为 12~18 个月,无滴持效期 3~4 个月,夜间保温性能优于聚乙烯膜,接近聚氯乙烯膜。该膜覆盖的棚室内光照均匀,散射光比例占棚室内总光量的 50%，减轻了骨架材料遮荫影响。另外，该膜还添加了特定的紫外线阻隔剂，可以抑制灰霉病和菌核病的发生、蔓延。这种薄膜厚度为 0.08～0.12mm，在东北、华北、西北地区广泛应用于棚室覆盖。适于塑料大棚冬季栽培和特早熟栽培及作二层幕使用，已大面积推广。

6. 薄型多功能聚乙烯膜　这种薄膜厚度仅为 0.05～0.08mm。以聚乙烯树脂为基础母料，加入光氧化和热氧化稳定剂提高薄膜的耐老化性能，加入红外线阻隔剂提高薄膜的保温性，加入紫外线阻隔剂以抑制病害发生和蔓延。这种薄膜的透光率为82%～85%，棚室内散射光比例高达 54%，有利于提高作物的光合效率，促进生长和产量的形成。普通聚乙烯薄膜(0.1mm)在远红外线区域的透过率为 71%～78%，而这种薄膜的透过率仅为36%。薄型多功能聚乙烯膜保温性也比普通聚乙烯薄膜提高1℃～4.5℃，机械性能显著高于普通聚乙烯薄膜，耐老化性能也优于普通聚乙烯薄膜，病情指数比普通聚乙烯薄膜下降了 37%，每公顷平均产量比普通聚乙烯薄膜提高 8%。

(三)乙烯-醋酸乙烯多功能复合薄膜

是以乙烯-醋酸乙烯共聚物树脂为主原料添加紫外线吸收剂、保温剂和防雾滴助剂等制造而成的三层复合功能性薄膜。其外表层一般以线型低密度聚乙烯、低密度聚乙烯或醋酸乙烯含量低的乙烯-醋酸乙烯树脂为主，添加耐候、防尘等助剂，使其机械性能良好，具有较强的耐候性，能防止防雾滴剂等渗出；中层以醋酸乙烯含量高的乙烯-醋酸乙烯树脂为主，添加保温、防雾滴助剂，使其有良好的保温和防雾滴性能；内表层以醋酸乙烯含量低的乙烯-醋酸乙烯树脂为主，添加保温、防雾滴助剂，使其有好的机械性能、加工性能，又有较高的保温和流滴持效性能。但是乙烯-醋酸乙烯中醋酸乙烯的含量多少对农膜质量有很大影响，一般醋酸乙烯含量高，透光性和保温性强，用于农膜的醋酸乙烯含量为12%～14%最好。

也有的醋酸乙烯多功能复合膜三层均为醋酸乙烯含量高的乙烯-醋酸乙烯树脂,保温性能更好,适用于高寒地区。

乙烯-醋酸乙烯复合膜具有良好的透光性,在短波太阳辐射区域,乙烯-醋酸乙烯膜的透过率在＜300nm 的紫外线区域低于聚乙烯膜,在 400～700nm 的光合有效辐射区域高于聚乙烯膜,与聚氯乙烯膜相近;对红外线的阻隔性介于聚氯乙烯和聚乙烯之间,厚度均为 0.1mm 的薄膜对红外线(700～1 400nm)的阻隔率分别为:乙烯-醋酸乙烯 50％、聚氯乙烯 80％、聚乙烯 20％。在制备过程中添加了结晶改良剂,乙烯-醋酸乙烯膜本身的雾度(混浊程度)小于30％,初始透光率可达到 92％,并且有良好的抗静电性,表面具有良好的防尘效果,扣棚后透光率衰减慢。据测定在北京地区连续使用 18 个月后,乙烯-醋酸乙烯薄膜的透光率仍高达 77％。

乙烯-醋酸乙烯多功能复合膜在中层和内层添加了保温剂,保温性较好,介于聚氯乙烯和聚乙烯之间。一般夜间的温度要比普通聚乙烯薄膜高 1℃～1.5℃,白天要比普通聚乙烯薄膜高2℃～3℃。

乙烯-醋酸乙烯薄膜的强度较高,拉伸强度 18～19Mpa,伸长率为 517％～673％,冲击强度为 10.5N/cm² ,优于聚乙烯膜,但总体强度指标不如聚氯乙烯膜。乙烯-醋酸乙烯树脂本身阻隔紫外线的能力较强,而且在成膜过程中添加了防老化助剂,乙烯-醋酸乙烯膜的使用期长,一般可达 18～24 个月。

乙烯-醋酸乙烯树脂有弱极性,因而与添加的防雾滴剂有较好的相容性,有效地防止防雾滴助剂向表面迁移析出,延长了无滴持效期,同时棚室内雾气相应减少。乙烯-醋酸乙烯多功能复合膜具有优异的防雾滴性,无滴持效期在 8 个月以上。

乙烯-醋酸乙烯薄膜质地轻,厚度为 0.1～0.12mm,幅宽2～12m,易黏结。用乙烯-醋酸乙烯农膜覆盖可较其他农膜覆盖增产10％ 左右,可连续使用 2～3 年,老化前不变形,用后可方便回收,不易造成土壤或环境污染。

乙烯-醋酸乙烯有特别优异的耐低温性，其次是聚乙烯，但是当温度升至 20℃ 以上，乙烯-醋酸乙烯农膜的强度会明显下降，因此乙烯-醋酸乙烯膜不适于高温炎热的夏天应用。

乙烯-醋酸乙烯多功能复合膜在耐候性、初始透光率、透光率衰减、无滴持效期、保温方面都具有优势，既克服了聚乙烯薄膜无滴持效期短、初始透光率低、保温性差等的缺点，也克服了聚氯乙烯薄膜比重大、同样重量薄膜覆盖面积小、幅宽窄、需要较多黏结、易吸尘、透光率下降快和耐候性差等问题，这种薄膜是较理想的聚乙烯膜和聚氯乙烯膜的更新换代材料，具有很好的推广前景，是今后重点发展的农用功能膜。目前欧美国家及日本多使用乙烯-醋酸乙烯树脂生产农膜、地膜。

(四)调光薄膜

1. 漫反射膜 是由性状特殊的结晶材料混入聚氯乙烯或聚乙烯母料中制备而成的。这种薄膜可以使直射阳光透过薄膜后，在棚室内形成均匀的散射光，而且有一定的光转换能力，能把部分紫外线吸收转变成可见光，有利于作物对光合有效辐射的利用，减少病害的发生。漫反射膜在可见光和近红外线区的透过率为 87%，与聚氯乙烯薄膜接近。在中红外线区域透过率为 7%～16%，比同质透明膜（36%）下降了 20%～30%，在 7 000～25 000nm 远红外区域透过率为 18%，比同质透明膜（36%）下降了 50%。漫反射膜覆盖的棚室内是比较均匀的散射光，作物群体受光较一致。阴天阳光不是很强的时候，保温性能明显高于普通膜；晴天日照强烈的中午前后，由于漫反射膜对中红外区的阻隔，气温反而低于普通膜，有利于防止作物受高温危害，而夜间因漫反射膜热辐射透过率低而使气温高于普通膜。适宜于高温季节使用。

2. 转光膜 在各种功能性聚乙烯薄膜中添加某种荧光化合物和介质助剂而成，这种薄膜具有光转换性能，这种薄膜受到阳光照射时可将吸收的紫外线（290～400nm）区能量的大部分转化成为能量较小有利于作物光合作用的橙红光（600～700nm）。这种薄膜比同质的功能性聚乙烯薄膜透光率高出 8% 左右，有的在橙红光区高 9%～11%。转光膜保温性好，尤其在严寒的冬季更显著，最低气温可提高 2℃～4℃。有的转光膜阴天或晴天的早晚，棚室内气温高于同质的聚乙烯膜；而晴天中午则低于聚乙烯膜。

作为太阳光线组成的一部分，紫外线一方面有助于形态建成和花青素的形成以及昆虫的生育，另一方面也抑制植物徒长和一些病原菌的生长。研究表明，使用转光膜的棚室内番茄、黄瓜等品质和产量有所提高，但是在一些作物上必须谨慎使用去除紫外线的转光膜。具体见表 4-2。

表 4-2　各种薄膜对近紫外线的透过特性及其适用范围

（日本设施园艺协会，1998）

种　类	透过波长范围	近紫外线透过率	适用范围	适用作物和病虫害
近紫外线必需型	300nm 以上	70% 以上	促进花青素着色，促进蜜蜂活动	茄子、草莓、葡萄、苹果、无花果、桃、中晚熟蜜柑、郁金香、洋桔梗、石斛等具有红紫色和蓝色花的植物
紫外线透过型	300nm 以上	50%	通用	几乎所有植物
近紫外线抑制透过型	340±10nm	25%±10	促进叶菜、茎菜生长	韭菜、菠菜、莴苣等
紫外线不透过型	380nm 以上	0	防治病虫害	水稻菌核病、菠菜萎蔫病、大葱黑斑病、灰霉病、蓟马、蚜虫、潜叶蝇类

3. 有色膜　通过在母料中添加一定的颜料以改变设施中的光环境,创造更适合光合作用的光谱,从而达到促进植物生长的目的。有色膜带有各种颜色,主要有红、橙、黄、绿、蓝、紫等颜色,可以是透明的,也可以是不透明的。透明有色膜的透光率在80%左右,不透明的有色薄膜主要是黑色的覆盖薄膜。有色膜的分光透过率与其本身的色调有关。红色膜在蓝绿光区透过率低,而在红光区透过率高;而青色膜在黄红光区透过率较低,蓝、紫、绿光区透过率较高;黑色膜透光率低,能抑制杂草生长。有色塑料薄膜在我国农业生产上的应用时间不长,具有方便实用、经济有效(该膜价格只有同类普通膜的 1.2～1.5 倍)、防止环境污染、有益人体健康等优点。从试验结果来看,它与无色塑料薄膜相比,有增加农作物产量、提高农作物质量、减轻植物病虫害等效果,但是要根据农作物的品种和当地的自然条件有选择地使用有色膜,而且必须经过仔细的研究与实践,在取得一定经验后再推广。

(1)**紫色膜**　在薄膜内加入紫色母料及耐候、保温、无滴母料,经吹塑成膜。薄膜呈微蓝紫色,幅宽 2～16m,厚度 0.06～0.12mm,具有流滴、保温、长寿功能。特别适合于秋冬及早春韭菜、茴香、芹菜、莴苣及多种绿叶菜的覆盖栽培,也可作为茄子栽培的专用膜使用,效果极佳。

(2)**蓝色膜**　添加的特殊助剂具有一定的光转换功能,可增加透过阳光中蓝紫光部分的光照强度,促进植物茎叶生长,这种薄膜保温性较差,无流滴性,薄膜呈青蓝色,幅宽 2～16m,厚度 0.03～0.06mm。特别适用于育苗覆盖,使秧苗根系发达,分蘖快,分蘖量大,成活率高,减少烂秧,实现增产增收。也可作为叶菜、叶型花卉的覆盖栽培材料。

(五)新型多功能塑料薄膜

随着科学技术的发展,透明覆盖材料的种类也越来越多。除目前普遍使用的长寿无滴膜以外,还开发了转光膜、有色膜、病虫害忌避膜等覆盖材料。但需指出的是,这类薄膜大多还处于开发研究阶段,尚未达到大面积应用水平。

1. PO系特殊农膜(多层复合高效功能膜) 是以聚乙烯、乙烯-醋酸乙烯优良树脂为基础原料,加入保温强化剂、防雾剂、光稳定剂、抗老化剂、爽滑剂等系列高质量适宜助剂,通过二三层共挤工艺路线生产的多层复合功能膜,对聚乙烯及乙烯-醋酸乙烯树脂缺点改性,使其性能互补强化。PO系特殊农膜具有高透光性,能达到聚氯乙烯薄膜初始透光率水平,紫外光透过率高;由于对红外线透过率改性,有较高的保温性,可达到聚氯乙烯薄膜的保温效果;使用寿命可达3~5年;质轻,不沾尘,作业性好;抗风和雪压,有破洞不易扩大;不要压膜线,只在肩部用卡槽压膜固定即可,省力,且提高透光性,低温下农膜硬化程度低;燃烧不生成有害气体,安全性好。

但是PO系特殊农膜延伸性小,不耐磨,形变后复原性差。为防雾滴,覆盖后需喷布流滴剂。主要用于覆盖大棚、中小拱棚、温室以及作为棚室内的保温幕等。目前,日本、韩国、西班牙及法国等欧美国家所用的农膜多为复合功能膜,这是当今世界新型覆盖材料发展的趋势。

2. 纳米稀土复合转光膜 用特定的聚烯烃材料,在其中添加纳米稀土转光剂及无滴、长寿剂,通过插层复合的方法使带有转光剂的黏土片层以纳米结构单元在聚烯烃基体中剥离、分散与基体复合。此膜透光率高,棚内增温保温效果好,作物生化效应强,对不同作物具有早熟、高产、提高营养成分(维生素、固形物、糖分的含量都有显著增加)等功能。因其拉伸强度和断裂伸长率高,抗风雪等自然灾害能力强。此膜具有高效地将不同波段的紫外光转换成红橙光或蓝紫光的特殊功能,不仅可延长农膜的使用寿命,同时兼有耐候、保温、延长流滴剂使用寿命等功能。

3. 红光/远红光(R/FR)转换膜 在薄膜中通过添加红光或

远红光的吸收物质来改变红光和远红光的光量子比率从而改变植株特别是茎的生长。红光/远红光比值小可促进植株的伸长,红光/远红光比值大则抑制植株伸长。因此,我们可利用这类薄膜来一定程度上调节植株的高度。

4. 近红外线吸收薄膜　在聚氯乙烯、半硬质聚酯膜、聚碳酸酯树脂和丙烯树脂板等薄膜中添加近红外线吸收物质,从而可以减少光照强度和降低设施中的温度,但这类薄膜只适合高温季节使用,而不适合冬季或寡日照地区使用。

5. 光敏薄膜　通过添加银等化合物,使本来无色的薄膜在超过一定光强后变成黄色或橙色等有色薄膜,从而减轻高温强光对植物生长的危害。

6. 温敏薄膜　利用高分子感温化合物在不同温度下的变浊原理从而减少设施中光照强度,降低设施中的温度和植物的叶温。由于温敏薄膜是解决夏季高温替代遮阳网等材料的重要技术,因此,许多国家正在积极研究开发。

7. 病虫害忌避膜　除通过改变紫外线透过率和改变光反射和光扩散来改变光环境外,还可通过在母料中加入或在薄膜表面粘涂杀虫剂和昆虫性激素从而达到病虫害忌避的目的。

8. 自然降解膜　它主要通过微生物合成、化学合成以及利用淀粉等天然化合物制造而成,能在土壤微生物的作用下分解成二氧化碳和水等,从而减少普通薄膜所造成的环境污染。

二、半硬质塑料膜和硬质塑料板

(一)半硬质膜

1. 氟素膜(ETFE)　以乙烯-四氟乙烯树脂为母料制作而成的新型覆盖材料。1988 年面市,可见光和紫外线的透过率均高,可见光透过率达 90%～93%,而且透光率衰减很慢,经测定使用 10～15 年后透光率仍在 90%,强光高温期要根据作物需求遮荫,以防因强光、高温发生日灼病。该膜远红外线透过率高,与农用聚酯膜相比保温性差。氟素膜抗静电性强,多年覆盖膜不变色,不污染。此膜强度高,具有超耐久性,厚度为 0.06～0.13mm 薄膜使用期为 10～15 年,期间每隔数年需进行防雾滴剂喷涂处理以保持其流滴性和防雾性。可在 -100℃～+180℃ 范围内安全使用,高温强日下与金属部件接触部位不变性,在严寒冬季不硬化、不脆裂,耐药性强。此类型薄膜由于燃烧时会发生有害气体,故废膜需厂家回收进行专业处理。目前氟素膜主要产品有透明膜、梨纹麻面膜、紫外光阻隔型膜及防滴性处理膜等,厚度有 0.06mm、0.1mm 和 0.13mm 三种。

(1)自然光透过型氟素膜　能进行正常光合作用,作物不徒长,通过棚室内蜜蜂正常活动完成传粉,湿度低可抑制病害。

(2)紫外光阻隔型氟素膜　紫外光被阻隔,红色产品变鲜艳,用于棚室内部覆盖寿命可延长。氟素膜 CR 产品使用期达 10～15 年。

(3)散射光型氟素膜(梨纹麻面膜)　光线透过量与自然光透过型相同,但散射光量增加,对棚室内作物无影响,且实现生产均衡化。

(4)管架棚专用氟素膜　加工品使用期为 10～15 年,经宽幅化加工,可容易、方便地用于管架棚覆盖,用特殊的固定方法固定。

2. 半硬质聚酯膜(PET)　半硬质聚酯膜的厚度为 0.15～0.165mm,其表面经耐候性处理,具有 4～10 年的使用寿命。不同产品对紫外线的透过率显著不同,防雾滴效果同聚氯乙烯薄膜相似。

3. 硬质聚氯乙烯薄膜　厚度为 0.1～0.25mm 的硬质塑料片材,不含可塑剂,使用一定时间后易发生变色。硬质聚氯乙烯膜中添加了紫外线吸收剂,对 380nm 以下的紫外线几乎不透过,在可见光区透过率较高,但在红外线区域透过率极低,仅 10%。硬酯聚氯乙烯膜进行了防雾滴处理,有流滴性,附着尘埃以后透光率下降幅度较大。硬酯聚氯乙烯薄膜耐候性比半硬质聚酯膜差,一般使用年限为3~5年,保温性与半硬质聚酯膜相当,抗张力强,耐折强度高,燃烧时有有毒气体释放,价格也较贵。

(二)硬质塑料板

指厚度在0.8mm以上的硬质塑料板材,有平板和波纹板之分,在园艺设施上所用的单层硬质塑料板材多为瓦楞状的波形板。硬质塑料板具有较长的使用寿命,可见光透过率一般可达90%以上。硬质塑料板保温性好,节能效果显著,重量轻,用来充当覆盖材料可降低支架的投资费用。机械强度高,有一定的卷曲性能,可弯成曲面,耐冲击力,耐雪压。近年来,硬质塑料板在设施园艺中的使用虽有所增加,但由于塑料硬板的价格较高,使用面积有限。

1. 玻璃纤维增强聚酯树脂板(FRP板)　是以不饱和聚酯为主体,加入玻璃纤维增强而成,几乎不透过紫外线,在可见光区域透光率为90%以上,在5000nm的红外线区域几乎不透过,FRP板棚室内的散射光比例较高。FRP板厚度为0.7~0.8mm,波幅32mm,表面或有涂层或有覆膜(聚氟乙烯薄膜)保护,以抑制表面在阳光照射下发生龟裂,导致纤维剥蚀脱落,缝隙中滋生微生物和积沉污垢,而使透光率迅速衰减。FRP板使用寿命在10年以上,有的甚至可达20年,但使用几年以后,纤维开始脱离聚酯,透光率下降,板也开始变黄。FRP板价格非常高,在常有冰雹危害的地区使用较多,尤其在美国市场上,有各种不同的产品和不同的使用年限保证。

2. 玻璃纤维增强聚丙烯树脂板(FRA板)　是以聚丙烯酸树脂为主体,加入玻璃纤维增强而成。厚度0.7~0.8mm,波幅32mm。FRA板采光性能比FRP板好,紫外线区域透过率较高,可见光区域透光率为90%以上,在5000nm的红外线区域几乎不透过,棚室内的散射光比例较高。由于紫外线对FRA板的作用仅限于表面,所以比 FRP 板耐老化,具有与 FRP 板同等的机械性能,使用寿命 7～10 年,但耐火性差。

3. 丙烯树脂板(MMA 板) 以丙烯酸树脂为母料,不加玻璃纤维。厚度为 1.3～1.7mm,波幅 63mm 或 130mm。MMA 板具有优良的透光性,可透过 300nm 以下的紫外线(但透过率低于 FRA 板),在可见光区域透光率高达 90% 以上,不透过 >2500nm 的红外线,导热性较低,保温性能极佳,使用 MMA 板比使用其他塑料板可节能 20%。MMA 板污染少,透光率衰减缓慢,使用寿命可达 10～15 年,但热线性膨胀系数大,耐热性能差,价格贵。

4. 聚碳酸酯树脂板(PC 板) 常用的 PC 板有双层中空平板和波纹板两种类型。PC 双层中空板厚度为 0.6～1mm,PC 波浪板的波纹的厚度为 0.8～1.1mm,波幅 76mm,波宽 18mm。PC 板透明度高,在可见光区域透光率高达 90% 以上,且衰减缓慢(10 年内透光率下降 2%)。PC 板几乎可完全阻止紫外线的通过,因此 PC 板不适合用于需要昆虫活动来促进授粉受精和一些含较多花青素的作物。PC 板表面有防老化涂层,使用寿命 15 年以上。PC 板强度高,抗冲击力是玻璃的 40 倍,是其他玻璃钢的 20 倍,能承受冰雹、强风、雪灾。保温性是玻璃的 2 倍,重量仅为玻璃的 1/5,不易结露,防雾滴性能优异,安装方便,无毒无味,但防尘性差,热膨胀系数是玻璃的 67.5 倍。PC 板是目前塑料应用中最先进的聚合物之一,非常适合应用在温室领域,但现在制约 PC 板温室发展的主要因素是一次性投入较高。

三、玻　璃

普通玻璃的可见光透过率为 90% 左右,透光率很少随时间变化,对 2500nm 以内的近红外线具有较强的透过率,对 330～380nm 的近紫外线有 80% 左右的透过率,而对 300nm 以下的紫外线则有阻隔作用。由于玻璃可吸收几乎所有的远红外线,夜间的长波辐射所引起的热损失很少,保温性强。另外,玻璃耐候性最强,使用寿命达 20～40 年,具有防尘和防腐蚀性好等优点。玻璃的线性热膨胀系数也比较小,安装后较少因热胀冷缩损坏。但由于玻璃的比重大($2500kg/m^3$),要求具有较强的支架,且不耐冲击,易破损,从而限制了其推广应用。在大多数气候寒冷的国家,玻璃仍然是常用的覆盖材料。目前用于玻璃温室建造最常用的是平板玻璃、红外线吸收玻璃、钢化玻璃等类型。

(一)平板玻璃

1. 普通平板玻璃 普通平板玻璃的厚度为 3mm 和 4mm,长 300～1200mm,宽 900～2500mm。在 330～380nm 的紫外线区域透过率达 80%～90%,对<310nm 的紫外线则基本不透过。在可见光波段,玻璃的透过率高达 90%,在<4000nm 的近红外线区域玻璃的透过率仍在 80% 以上,在>4000nm 的红外线区域,基本上都不透过。除寒冷季节外,一般尚能满足作物对光照的要求。普通平板玻璃增温性能强,对远红外部分辐射的透过率极低,因此具有较强的保温性能。

2. 浮法平板玻璃 透光性能优异,在波长 330～4000nm 波段范围内透光率约可达到 90%,且入射光基本以直射为主,散射光所占比例不足 10%。几乎不透过超过 4000nm 以上的长波辐射,室内各表面的长波辐射能被玻璃屋面阻挡于室内,室内向室外散失的热量少,因而保温效果好。浮法平板玻璃表面的亲水性好,防雾滴能力强,热胀冷缩系数低,结构系数可靠,使用寿命可达 25 年以上。但是密度大($2500kg/m^3$),对骨架承重要求严格,而且抗冲击性差,易碎。在温室安装过程中,通过耐老化柔性镶嵌材料来加强玻璃的抗冲击能力。由于浮法平板玻璃独特的物理和光学性能,得到世界大多数国家的使用。

(二)红外线吸收(热吸收)玻璃

在玻璃原料中加入铁和钾等金属氧化物从而能够吸收太阳光

中的近红外线。目前此类产品大多为蓝、灰和棕等色。对 350～380nm 的紫外区域透过率 40％～70％,对＜330nm 以下的则基本不透过。在可见光波段,热吸收玻璃则为 70％～80％,低于普通玻璃;在＜4000nm 的近红外区域透过率在 70％以下,尤其在 1000nm 处,仅 50％;两种玻璃在＞4000nm 的红外线区域,基本上都不透过。热吸收玻璃有效地削弱了近中红外辐射,从而降低了自身的增温能力,这有利于降低夏季室内的温度。对远红外部分辐射的透过率极低,因此具有较强的保温性能。

(三)钢化玻璃

在冰雹较多的地区,温室可采用 5mm 厚的钢化玻璃,破碎时呈小碎块不易伤人,但破损后不能修补,且造价高,易老化,透光率衰减快。

近年来,国外一些厂家开发出热射线发射玻璃以及热敏和光敏玻璃等多功能玻璃。热反射玻璃则通过采用双层玻璃并在二层玻璃之间填充热吸收物质从而达到降低栽培环境中温度的目的,但由于它也在一定程度上吸收可见光,因此还很难在设施园艺中应用。除此以外,国外一些厂家还开发了一些根据温度或光线强度变化而发生颜色变化的热敏和光敏玻璃,虽然在设施园艺上也有一定的应用前景,但由于性能和价格上的原因,目前还未能在生产上应用。

第二节　半不透明和不透明覆盖材料的种类和特性

一、草　苫

我国在设施栽培上很久以前已开始用草苫覆盖保温,近年来由于设施栽培的飞速发展,面积急剧扩大,中小拱棚及各种类型的温室用草苫作为外覆盖，需求量很大，是当前外覆盖保温的首选材料。目前生产上使用最多的是稻草苫，其次是蒲草、谷草、蒲草加芦苇以及其他山草编制的草苫。稻草苫一般宽 1.5～1.7m，长度为采光屋面之长再加上 1.5～2m，厚度在 4～6cm，大经绳在 6 道以上，要求致密，捆扎紧实牢固，如宽 1.5m，长 5.52m 的稻草苫质量要达 30kg 以上，否则难以达到理想的保温效果。蒲草苫强度较大，卷放容易，常用宽度为 2.2～2.5m。草苫的特点是取材方便，可使夜间温室热消耗减少 60%，保温效果一般为 5℃～6℃，但实际保温效果则因草苫厚薄、疏密、干湿程度的不同而有很大差异，同时也受室内温差及天气状况的影响（表 4-3）。草苫的编制比较费工，耐用性不太理想，一般只能使用 3 年左右。遇到雨雪吸水后质量加大，即使是平时的卷放也很费时费力。另外，草苫对塑料薄膜的损伤较大。但是目前尚缺少其他保温更好更实用的材料取代草苫。

表 4-3　草苫和纸被的防寒效果　（安志信，1994）

	室外气温	−8.2℃	−14℃	−15℃	16.5℃
室内气温	覆盖一层膜	1.2	−7.5	−9	−11
	膜上覆盖草苫	4.8	1.2	−0.4	−0.9
	膜上盖草苫和纸被	10.1	7.7	6.7	5.3

二、纸　被

纸被是用 4 层旧水泥袋纸或 4～6 层新的牛皮纸，缝制成和草苫大小相仿的一种保温覆盖材料。在寒冷的冬季，为了提高保温性能，可以在草苫下面加盖纸被，不仅增加了覆盖材料的厚度，而且弥补了草苫的缝隙，大大减少了缝隙散热。据沈阳地区观察，4 层牛皮纸做的纸被保温效果可达到 6.8℃，而在同样条件下一层草苫的保温能力为 10℃。纸被质轻、保温力好，但是近年来纸被来源减少,而且纸被投资大,易被雨水、雪水淋湿,寿命也短,不少地区逐步用旧塑料薄膜替代纸被,有些则将废旧塑料膜覆盖在草苫或纸被上,既保温又防止雨雪,还可延长使用寿命。

除草苫和纸被外,一些地方也曾经采用棉布(或包装用布)和棉絮(可用等外花或短绒棉)缝制而成的棉被作为保温材料,质轻、蓄热保温性能好,其保温能力在东北、内蒙古等严寒地区可使棚室内温度提高 7℃~10℃,高于草苫、纸被的保温能力。但棉被造价高,一次性投资大,防水性差,保温能力尚不够高。

在国外设施栽培中,为提高保温效果,在小棚外覆盖锦纶丝、腈纶棉等化纤下脚料编织的"农用化纤保温毯",保温效果好、耐久。

三、保 温 被

保温被是 20 世纪 90 年代研究开发出来的新型保温覆盖材料,一般由 3~5 层不同材料用一定工艺缝制而成,由外到内依次是防水层、隔离层、保温层。防水层由防雨绸、涤纶牛津纺面料、塑料薄膜、喷胶薄型无纺布等制成,表面进行了防水处理,用于防水汽、雨、雪、风,并提高保温被的强度、耐磨性及抗老化性。隔离层选用黑色不透气材料制成,主要用来隔离水汽和防潮,并起到一定增强保温性能的作用。保温层采用毛、纤、棉、麻按一定比例加工制成,具有一定的厚度和密度,使保温被具有优异的保温性能。同时,保温层中添加无纺布夹层,增强了保温层的抗拉强度,从而大大提高了保温被的使用寿命。有的保温被最内层有镀铝转光膜,可以提高棚室内光照。保温被具有质量轻、保温效果好,防水、阻隔红外线辐射、使用年限长等优点,适于电动操作,显著提高劳动效率,并可延长使用年限。通常保温被的厚度决定了其保温性能的优劣,同时也极大地影响保温被的成本和价格,选用时应根据使用地域的气候条件、栽培作物种类等因素综合考虑。华中、华东地区可选择 800g/m² 的保温被,华北和西北可选择1000~1400g/m²规格的,东北和西北寒冷地区可选择1800g/m²规格的保温被。但是保温被成本较高,限制了大面积的推广应用。

四、无纺布

又称不织布、丰收布,是以聚酯为原料经熔融纺丝,堆积布网,热压黏合,最后干燥定型成棉布状的材料,用来替代秸秆等传统的覆盖材料。根据纤维的长短分为长纤维无纺布和短纤维无纺布两种:长纤维无纺布透光率80%~90%,具有质量轻(10~20g/m²)、种类多、价格便宜以及使用方便等优点,可以用于设施保温、防虫等,但强度差,使用寿命短。短纤维无纺布透光率50%~95%,具有较好的耐候性和较好的吸湿性,强度大,具有保温、除湿、防虫等作用,使用期3~5年,但成本较高,容易着色,可染成银色和黑色后作为遮阳和隔热的材料来利用。根据每平方米的质量多少,可将无纺布分为薄型无纺布和厚型无纺布。质量低于100g/m²的无纺布属于薄型无纺布,100g/m²和100g/m²以上的无纺布为厚型无纺布。国外多用于设施内双层保温幕或直接盖于蔬菜表面,进行浮动栽培,有防寒、隔热、防尘、防虫并使蔬菜鲜嫩优质的作用。近年来无纺布在我国南方蔬菜栽培上发展较快,目前有扩大示范推广的趋势。

(一)薄型无纺布

1. 性能 薄型无纺布种类很多,从质量每平方米十几克到几十克不等。质量为10~20g/m²的薄型无纺布的透光率高达80%~85%,30~50g/m²的仅为60%~70%,60g/m²的在50%以下,薄型无纺布覆盖的棚室内散射光比例大。薄型无纺布具有一定的保温性能,用作温室的幕帘,可使室内气温提高2℃~3℃。薄型无纺布有很多微孔,具有透气性,有利于减轻病害,而且通气量与覆盖层内外温差成正比。薄型无纺布还具有质量轻、操作简便、受污染后可用水清洗、燃烧时无毒气释放、不易黏结、耐药品腐蚀和不易变形等性能。薄型无纺布的寿命一般为 3～4 年,若保存好,可用 5 年。

2. 应用 薄型无纺布主要应用于浮面覆盖栽培、棚室内保温幕帘、夏季防雨栽培三个方面。用 15～20g/m² 的薄型无纺布可直接覆盖在蔬菜畦面上,起到增温、防霜冻的作用,增产 20%～30%,也可以在大棚或温室内直接覆盖在苗床或畦面上。用 40～50g/m² 薄型无纺布作温室内的双层保温幕,可以提高温度1℃～3℃,节省加热能源,而且降低湿度 10%～15%。在夏季选择合适密度的无纺布进行防雨栽培,可以起到遮阳降温、防雨、防虫防鸟的作用。

(二)厚型无纺布

用于园艺设施外覆盖材料的厚型无纺布单位面积质量为100g/m² 或以上。厚型无纺布具有防水性能,保温性能与其厚度有关,在江苏大棚内以单层 100g/m² 厚型无纺布外覆盖小拱棚与外覆盖草帘相比,8 时气温和地温分别低 0.3℃和 0.5℃;在北京地区覆盖 350g/m² 厚型无纺布其 8 时气温比覆盖草苫的低1.2℃,20 时至 8 时的降温值仅比覆盖草苫的低 0.2℃。厚型无纺布强度与其纤维的组成配比有关,如涤(30%)/麻(70%)的强度高于涤(30%)/废花(70%)。但是当前厚型无纺布强度和防水性能还需提高。使用单层无纺布时,因经常揭盖拉扯,较易损坏,尤其是北方地区雨后或雪后,无纺布被浸湿后极易结冰,展放时叠层间极易扯破。若用防水性能好、强度大、耐候性强的材料包裹,则不仅会提高防寒保温、防水等性能,还会延长使用寿命。

五、遮阳网

俗称遮荫网、寒冷纱,是以聚乙烯、聚丙烯和聚酰胺等为原料,加入耐候剂经加工制作拉成扁丝,编织而成的一种网状新型农用覆盖材料。遮阳网具有质量轻($30\sim50g/m^2$)、强度高、耐老化、柔软、便于操作等特点,在设施生产上具有消弱光强、改变光质、防暑、降温(地温、气温和叶温)、减少田间蒸散、防台风暴雨、防旱保墒和忌避病虫等功能,也可作临时性保温防寒材料。可通过控制网眼大小、疏密程度和颜色,使其具有不同的遮光、通风特性,供用户选择使用,以替代芦帘、秸秆等农家传统覆盖材料。遮阳网品种很多,有黑色和银灰色、绿色、白色、黄色和黑白、黑银灰相间等品种,遮光率由 $25\%\sim70\%$ 不等,幅宽 $90\sim250cm$。但在生产上使用最多的是 $35\%\sim65\%$ 的黑网和 65% 的银灰网,宽度 $160\sim220cm$,质量为 $45\sim49g/m^2$。遮阳网一年内可重复使用 $4\sim6$ 次,寿命长达 $3\sim5$ 年,虽一次性投资较高(每 $667m^2$ $600\sim700$ 元),但年折旧成本较低($40\sim60$ 元),仅为芦帘的 $50\%\sim70\%$。

遮阳网进行温室、大棚等设施外覆盖时,应安装在棚内距离地面 $2m$ 高的铁丝上,并且与塑料薄膜有 $20\sim30cm$ 的间隔,遮阳效果较好,若遮阳网直接覆盖在塑料薄膜上遮阳效果差。遮阳网也可安装在拱棚内,进行棚室内覆盖,降温效果也较好。但遮阳网内覆盖时应根据作物种类选择合适的遮阳网:黑色遮阳网适宜对光照要求较弱的作物,白色遮阳网适宜喜光性的作物,银灰色遮阳网则有避蚜和防病的功效。夏秋季节遮阳网也可直接覆盖在大棚骨架上或进行遮阳浮面覆盖,也可与薄膜一起形成防雨棚(一层薄膜一层遮阳网,四周撩起)。在覆盖栽培中,多采用多幅拼接,形成大面积的整块覆盖,使用时揭盖方便,便于管理、省工、省力,也便于固定,不易被大风刮起。注意在切割遮阳网时,剪口要用电烙铁烫牢,在拼接时,应采用尼龙线缝合,以增加拼接牢固度。

目前遮阳网主要用于进行夏、秋高温季节蔬菜、花卉、茶叶、果树的栽培或育苗,可提高夏季蔬菜幼苗的成苗率 $20\%\sim80\%$,可使早熟的茄果类蔬菜延长收获 $30\sim50$ 天,使早秋菜(花椰菜、甘蓝、大白菜、蒜苗、茼蒿等)提早 $10\sim30$ 天上市,一般可以增产

20％,已成为我国南方地区克服蔬菜夏秋淡季的一种简易实用、低成本、高效益的蔬菜覆盖新技术。黑色的遮阳网还可以用来作短日照处理,提早或延迟花卉开花的时间。

六、防虫网

防虫网是以高密度聚乙烯为主要原料,添加防老化、抗紫外线等助剂后经挤出拉丝编织而成的网纱状新型农用覆盖材料。防虫网有 20 目(每英寸长度的孔数)、24 目、30 目、40 目等品种,色泽有白色、黑色、银灰色等,幅宽 90～600cm。防虫网目数过少,网眼大,起不到应有的防虫作用;目数过多,网眼小,防虫效果虽好但成本增加,目前生产上以 20 目、24 目最为常用。防虫网具有质量轻 $(40～100g/m^2)$,耐拉强度大,优良的抗紫外线、抗热性、耐水性、耐腐蚀、耐老化、无毒、无味等特点,使用寿命为 3～5 年。在设施生产上具有防虫、遮阳降温、防暴风雨冰雹等功能。

防虫网可由数幅网缝合后覆盖在单栋或连栋大棚上进行全封闭式覆盖,这是目前最普遍的覆盖方式;防虫网也可安装在拱棚两侧或日光温室前屋面 50cm 高处,与塑料薄膜一起将设施全封闭覆盖;还可以用高约 2m 的水泥柱或钢管作支撑,覆盖防虫网做成隔离网室(面积在 500～1 000m^2)。在防虫网使用时,应在整个生育期进行全程覆盖,不给害虫侵入机会,而且安装后两边应用砖块或土块压紧,网上用压网线压牢,以防被风吹开。

目前防虫网结合防雨棚、遮阳网进行夏、秋蔬菜的抗高温育苗,温州市蔬菜所在 1990 年用 25 目网纱隔离蚜虫育苗,有效控制芥菜病毒病的发生,防效达 63％～87％。冬季防虫网可作防冻材料直接覆盖或作大棚和小棚覆盖栽培,春季和秋季防虫网覆盖也可种植多种蔬菜,实行简易有效的无(少)农药栽培。

防虫网在发达国家和地区的夏秋蔬菜生产中早已被广泛应用。近年来,在我国南方开始采用防虫网全封闭栽培速生叶菜,有效地防止虫害的发生和蔓延,基本实现"无农药"生产。目前防虫网在南方地区作为无(少)农药蔬菜栽培的有效措施而得到推广,在我国的无公害蔬菜生产中也发挥着越来越重要的作用。

　　设施覆盖方式可分为固定式覆盖与可移动式覆盖,所应用的覆盖材料种类见图 4-1。

复习思考题

1. 各类透明覆盖物分别有哪些特点?
2. 半透明和不透明覆盖物分别有哪些应用?

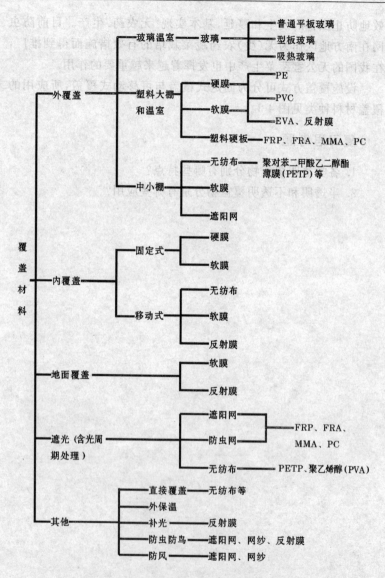

图 4-1　主要覆盖材料种类、功能和主要材质

第五章　园艺设施的环境特点及其调控

在设施园艺中，设施的环境调节是跟植物栽培中施肥、浇水等一样重要的栽培措施。对植物生长发育影响比较大的环境因子除主要有温度、光照、湿度、二氧化碳、空气流动等地上环境外，还有土壤环境。温度的调节技术主要有加温、保温、换气、降温等技术，以及这些技术的组合应用。同时在设施温度条件的发生改变时，常常会对湿度、二氧化碳等环境产生影响。因此，在园艺设施的环境调控上应该综合考虑才能收到好的效果。设施环境调节并不只为改善植物的生长发育，控制病虫害的发生以及改善劳动者的作业环境也是其重要的目的。

第一节　光环境及其调控

植物生命活动的物质基础，是通过光合作用制造出来的，光照是绿色植物光合作用的能量来源，由此可见光照对植物生长发育的重要性。此外，光照还影响着温室内的气温、湿度以及植物叶片温度。设施内的光照环境直接影响着设施内园艺植物的生产，了解和调控设施内的光环境对设施园艺生产具有重要意义。

一、设施内的光环境特点

园艺设施受覆盖材料的影响，与外界自然光有很大的不同，设施内的光环境特点主要表现在以下几个方面。

（一）光照强度弱

园艺设施内光照条件的特点之一是光量不足，室内光照一般为自然界的70%左右。这是因为自然光通过透明屋面进入设施的过程中,由于覆盖材料吸收、反射、覆盖材料内面结露的水珠折射、吸收等降低了透光率。日光温室主要在一年之中光照最差的冬季进行生产。在薄膜遭污染和老化的情况下,光照只有外界的50%左右。

光照强度是指单位时间单位面积上所受到的光通量,光照强度单位是 lx。光照强度主要影响植物的光合作用强度,在一定范围内,光照越强、光合速率越高。冬季日光温室内光照强度弱是造成产量低的主要原因之一。表 5-1 为常见蔬菜光合作用的光补偿点和光饱和点。

表 5-1　蔬菜作物光合作用的光补偿点和光饱和点　　(单位:klx)

蔬菜种类	光补偿点	光饱和点	蔬菜种类	光补偿点	光饱和点	蔬菜种类	光补偿点	光饱和点
番 茄	2	70	菜 豆	1.5	25	大白菜	1.3	47
茄 子	2	40	豌 豆	2	40	韭 菜	0.12	40
辣 椒	1.5	30	芥 菜	2	45	生 姜	0.5~0.8	25~30
黄 瓜	1	55	结球莴苣	1.5~2	25	萝 卜	0.6~0.8	25
南 瓜	1.5	45	襄 荷	1.5	20	芦 笋	-	40
甜 瓜	4	55	款 冬	2	20	大 葱	2.5	25
西 瓜	4	80	鸭儿芹	1	20	香 椿	1.1	30
甘 蓝	2	40	马铃薯	-	30	芋 头	4	80
芜 菁	4	55	西葫芦	0.4	40	芹 菜	1	40

(二)分布不均

园艺设施内的光照分布不均匀,具有上强下弱的变化规律。单屋面温室后屋面的仰角大小不同,也会影响透光率。园艺设施内不同部位的地面,距屋面远近不同,光照条件也不同。如温室自上向下、自南向北光强逐渐减弱,是由于温室中柱北侧光照弱,导致靠近北墙的部分作物生长不良。

(三)光照时数少

光照时数主要描述园艺设施内受光时间的长短,指每天的直接受光的小时数。光照时数越少,对植物的光合作用越不利。园艺设施内光照时数少,主要表现在单屋面结构、有外覆盖的温室上,对于塑料大棚和连栋温室来说则问题不大,光照时数与外界基本相同。如北方地区冬季太阳升于东南,落于西南,露地日照时数11小时,温室内12月和1月的日照时数仅为6~8小时;早春太阳升于东北,落于西北,露地日照时数13小时左右,温室内仅为11小时。在冬季日光温室生产中受保温管理的影响,往往采取晚揭苫早盖苫的措施,这更减少了设施内的光照时数。

(四)紫外线水平低

自然光是由不同波长光组成的,光的不同组成叫光质。设施内的光质与自然光相比有很大不同,主要与透明覆盖材料有关。由于玻璃、薄膜等透光材料对紫外线的吸收率较大,设施内紫外线条件与自然光相比处于低水平状态。紫外线在提高果实着色等外在品质以及果实糖度等内在品质上具有重要作用。设施内紫外线水平低是造成设施内果实品质差的主要原因之一。不同波长的光对植物的生长发育有着不同的影响(表5-2)。

表5-2　不同波长的光对植物生理效应的影响

波长(nm)	植物生理效应
>1000	被植物吸收后转变为热能,影响有机体的温度和蒸腾情况,可促进干物质的积累,但不参加光合作用
1000~720	对植物伸长起作用,其中700~800nm辐射称为远红光,对光周期及种子形成有重要作用,并控制开花及果实的颜色
720~610	红、橙光被叶绿素强烈吸收,光合作用最强,某种情况下表现为强的光周期作用
610~510	主要为绿光,叶绿素吸收不多,光合效率也较低

续表 5-2

波长(nm)	植物生理效应
510～400	主要为蓝、紫光,叶绿素吸收最多,表现为强的光合作用与成形作用
400～320	起成形和着色作用
<320	对大多数植物有害,可能导致植物气孔关闭,影响光合作用,促进病菌感染

二、设施内光环境的影响因素

园艺设施内的光照主要受季节、天气、纬度、防寒保温、透明覆盖材料、设施结构以及栽培作物等因素的影响,情况比较复杂。

(一)季 节

由于地球环绕太阳的椭圆形轨道旋转,造成了地球距离太阳的远近不同,从而形成了四季。不同季节的赤纬(太阳直射点的纬度)不同(表 5-3)。太阳光照射到地球的光照强度受太阳高度角的影响,角度越小强度越弱。太阳高度角 = 90°−纬度+赤纬。由表 5-3 可知夏至的赤纬为+23°27′,冬至的赤纬为−23°27′,由此可见夏季的太阳高度角要远大于冬季。不同季节太阳辐射到地球的光照强度有很大不同,表现为夏季强、冬季弱,生产上一般通过夏季遮阳、冬季补光等措施来进行调节。

表 5-3 季节与赤纬

季 节	夏 至	立 夏	立 秋	春 分	秋 分	立 春	立 冬	冬 至
月/日	6/21	5/5	8/7	3/20	9/23	2/5	11/7	12/22
赤纬	+23°27′	+16°20′	+16°20′	0°	0°	−16°20′	−16°20′	−23°27′

(二)天 气

日光温室是"不怕一日冷,就怕连日阴",阴天自然光照弱,且阳光透光率只有自然光的 $50\%\sim70\%$，光强难以保证光合作用的需要。冬季阴天时间的长短直接影响着日光温室生产成功与否。在日光温室推广中应特别注意当地的天气情况。

(三)纬　度

地理纬度影响太阳高度角。纬度越高，太阳高度角越小，光照越弱。

(四)防寒保温

在冬季设施生产中，尤其是遇到连阴天的天气，为了防寒保温往往采取晚揭早盖草苫的管理措施，使尽可能多的热量留在温室内部。为了增加温室的保温性能，常采用大后坡或半地下式的温室结构，这些防寒保温措施减少了温室的光照时间受或光面积，影响了设施的光环境。

(五)透明覆盖材料

投射到保护设施覆盖物上的太阳辐射能，一部分被覆盖材料吸收，一部分被反射，另一部分透过覆盖材料射入设施内。这三部分的关系为：吸收率＋反射率＋透射率＝1。覆盖物的吸收率比较固定，因此反射率越小透射率就越大，透射率越大进入温室的光照就越多。覆盖材料对直射光的透光率与光线的入射角有关，入射角越小，透光率越大。入射角为 $0°$ 时，光线垂直投射于覆盖物上，此时反射率为0，透光率最大。透光率与入射角之间的关系也因材料而异，如毛玻璃和纤维玻璃，随着阳光入射角的增大，透光率几乎成直线迅速下降。

透明覆盖材料的污染和老化对透光性的影响也非常大。其中污染主要是覆盖材料外侧的灰尘污染和内侧的水滴污染。灰尘主要削弱 $900\sim1000nm$ 和 $1100nm$ 的红外线部分。水滴造成光的折射，使设施内光强度大为减弱，光质也有所改变。覆盖材料老化会使透光率减小，老化的消光作用主要在紫外线部分，不同覆盖材料，其抗老化的能力也不同。

(六)设施结构

园艺设施结构对光照的影响主要包括建筑方位、结构形状、棚间距以及跨度、高度和长度等。

1. 建筑方位 对于单屋面温室来说,由于仅向阳面受光,两山墙和北后墙为土墙或砖墙,是不透光部分,所以这类温室的方位应东西延长,坐北朝南。但对于单栋或连栋塑料大棚来说,尤其是以春秋季节生产为主时,建筑方位应以南北延长为宜。

2. 屋面坡度 对于我国传统的坐北朝南的单屋面温室而言,在一定范围内,温室屋面的倾斜角越大,温室的透光率越高。为了增大其透光率,选择合理的屋面倾角是十分重要的。关于连栋温室屋面倾角与直射光透光率的关系,日本学者古在丰树研究后得到以下结果:南北延长连栋温室的屋面倾斜角对直射光日总量透光率影响不大,东西延长的连栋温室的屋面倾斜角对直射光日总量的透光率有影响。在东京地区(北纬 35°41′)冬至日,屋面倾角为 30°时,最大直射光透光率为 61%,35°时为 53%。在 2 月上旬,屋面倾角为 30°时,最大直射光透光率为 60%,35°时为 63%,两者差别不大。

3. 结构形状 冬季双屋面单栋温室直射光日总量透光率比连栋温室高,夏季则相反。一面坡温室或半拱圆温室,东西北三面不透光,虽有一部分反光,也是越靠南光线越强,等光强线与南面透明屋面平行。对南北延长拱圆形屋面,当光线从棚顶上方直射时,顶部直射角最小,光线最强,大棚两侧入射角变大,光照减弱,等光强面几乎与地面平行,而不是与拱面平行,在栽培作物上部光线分布较均匀。

4. 棚间距 为了避免遮光,相邻温室间必须保持一定距离。相邻温室之间的距离(棚间距)大小,主要应考虑温室的脊高加上草帘卷起来的高度,相邻间距应不小于上述两者高度的 2~2.5 倍,应保证在太阳高度最低的冬至节前后,温室内也有充足的光照。南北延长温室,相邻间距要求为脊高的 1 倍左右。

(七)栽培作物

设施内的作物种植模式如吊蔓栽培等也影响着设施内的光照条件。对于东西延长的日光温室来说,南北行向栽培其光照环境要优于东西行向,尤其是对于温室后排中下部光照条件的改善具有重要意义。还有高矮作物的间套作也影响着设施内的光照条件。

三、设施内光环境的调控

园艺设施内对光照条件的要求:一是光照充足,二是光照分布均匀。目前我国主要通过改进设施结构、改进管理措施、遮光以及人工补光等手段来调控设施内的光环境。

(一)改进园艺设施结构

1. 选择适宜的建筑场地　确定的原则是根据设施生产的季节和当地的自然环境来选择。选择场地空旷,阳光充足,在东、南、西三个方向没有遮荫物的地方,在早晨能够早见阳光,白天日照时间长,室内能够获得较充足的光照。场地应该平坦,而且坡向朝南比较有利,坡度不宜大于 10°。选择交通方便但尽可能远离交通要道,防止灰尘污染。

2. 设计合理的屋面坡度　单屋面温室主要设计好后屋面仰角、前屋面与地面交角、后坡长度,既保证透光率高也兼顾保温好。温室屋面角要保证尽量多进光,还要防风、防雨(雪),使排雨(雪)水顺畅。

3. 选择合理的透明屋面形状　从生产实践证明,拱圆形屋面采光效果好。

4. 合理选用骨架材料　在保证温室结构强度的前提下尽量用细材,以减少骨架遮荫,取消立柱,也可改善光环境。

5. 选用透光率高的透明覆盖材料　应选用防雾滴且持效期

长、耐候性强、耐老化性强等优质多功能薄膜。常用透明覆盖材料的透光率及寿命见表 5-4。

表 5-4　常用透明覆盖材料的透光率及寿命

覆盖材料	透光率(%)	寿命(年)
国产塑料薄膜	80~90	1~2
进口塑料薄膜	>90	>3
4~6mm 玻璃	88~92	20
PC 波浪板	90~92	>10
8mm 或 10mm 双层 PC 板	78~80	>10
8mm 三层 PC 板	76~80	>10

(二)改进管理措施

1. 保持透明屋面干净　经常清扫塑料薄膜屋面的外表面减少染尘,增加透光。内表面通过放风等措施减少结露,防止光的折射,提高透光率。雪后及时清除积雪。

2. 早揭晚盖保温覆盖物　在保温前提下,尽可能早揭晚盖外保温和内保温覆盖物,增加光照时间,在阴天或雪天,也应揭开不透明的覆盖物,以增加散射光的透光率。安装机械卷帘设备,缩短揭苦所用时间。

3. 减小栽植密度　适当增加株行距,减小栽植密度可减少作物间的遮荫,作物行向以南北行向较好,没有死阴影。单屋面温室的栽培床高度要南低北高,防止前后遮荫。此外,高矮作物的间作套种也可改善设施内的光照条件。

4. 加强植株管理　高秧作物及时整枝打杈,及时吊蔓或插架。控制肥水,防止植株徒长。进入盛产期时还应及时将下部老化的或过多的叶片摘除,以防止上下叶片互相遮荫。

5. 选用设施专用型品种　设施专用型品种一般具有光合效率高、耐弱光、叶片小等特点。

6. 地膜覆盖　有利于地面反光,可增加植株下层光照。

7. 利用反光　日光温室适当缩短后坡,并在后墙上涂白以及安装镀铝反光膜,可使反光幕前光照增加 $40\%\sim44\%$,有效范围达 3m。

8. 采用有色薄膜　不同波长的光对植物生理效应不同,采用有色薄膜可以人为地创造某种光质,以满足某种作物或某个发育时期对该光质的需要,获得高产、优质。但有色覆盖材料其透光率偏低,只有在光照充足的前提下改变光质才能收到较好的效果。

(三)遮　光

遮光主要有两个目的:一是减弱保护地内的光照强度,二是降低保护地内的温度。保护地遮光 $20\%\sim40\%$ 能使室内温度下降 $2℃\sim4℃$。初夏中午前后,光照过强,温度过高,超过作物光饱和点,对生育有影响,应进行遮光,在育苗移栽后为了促进缓苗,通常也需要遮光。遮光对夏季炎热地区的蔬菜栽培,以及花卉栽培尤为重要。遮光还可以改善设施内的作业环境。遮光材料要求有一定的透光率、较高的反射率和较低的吸收率。遮光方法有如下几种。

1. 覆盖各种遮荫物　如遮阳网、无纺布、苇帘、竹帘等。温室外遮阳的效果要优于内遮阳,但外遮阳操作繁杂,且设备容易损坏。

2. 玻璃面涂白　可遮光 $50\%\sim55\%$,降低室温 $3.5℃\sim5℃$。涂白原料一般为石灰水,在国外也有用温室涂白专用的涂白剂。

3. 屋面流水　可遮光 25%,同时还有一定的降温效果。

(四)人工补光

人工补光的目的有二:一是日长补光,用以满足作物光周期的需要,当黑夜过长而影响作物生育时,应进行补充光照。另外,为了抑制或促进花芽分化,调节开花期,也需要补充光照。这种补充光照要求的光照强度较低,称为低强度补光。二是栽培补光,作为光合作用的能源,补充自然光的不足。据研究,当温室内床面上光照日总量小于100W/m² 时,或每日光照时数不足 4.5 小时,就应进行人工补光。因此,在北方冬季很需要这种补光,但这种补光要求光照强度大,为 1 000~3 000lx,所以成本较高,国内生产上很少采用,主要用于育种、引种、育苗。人工补光的光源是电光源。

1. 对电光源的要求 ①有一定的强度,使床面上光强在光补偿点以上。②光照强度具有一定的可调性。③有一定的光谱能量分布。可以模拟自然光照,要求具有太阳光的连续光谱,也可采用类似作物生理辐射的光谱。

2. 人工补光的光源

(1)白炽灯 价格便宜,但光效低,光色较差,目前只能作为一种辅助光源。使用寿命大约 1 000 小时。

(2)荧光灯 第二代电光源。价格便宜,发光效率高。可以改变荧光粉的成分,以获得所需的光谱。寿命长达 3 000 小时左右。主要缺点是功率小。

(3)金属卤化物灯 光效高,光色好,功率大,是目前高强度人工补光的主要光源。缺点是寿命短。

(4)植物生效灯 可发出连续光谱,紫外光、蓝紫光和近红外光低于自然光,而绿、红、黄光比自然光强。

目前生产上人工补充照明所需功率及补光时间如表 5-5 所示。

表 5-5 人工补充照明所需功率及补光时间

补充目的	适合光源	功率(W/m²)	每天补光时间
栽培补光	水银灯 水银荧光灯 荧光灯	50~100	光弱时补光不多于 8 小时

续表 5-5

补充目的	适合光源	功率(W/m²)	每天补光时间
日常补光	荧光灯 白炽灯	5～50	卷苫前和放苫后各 4 小时
促球茎、开花	白炽灯 荧光灯	25～100	卷苫前和放苫后各 4 小时
无光室内栽培	水银荧光灯 荧光灯 白炽灯	200～1000	16 小时

第二节　温度环境及其调控

温度是影响作物生长发育的环境条件之一。在园艺设施生产中很多情况下,温度条件是生产成功与否的最关键因素。温度是植物生命活动最基本的要素。与其他环境因子比较,温度是设施栽培中相对容易调节控制的环境因子。不同作物都有各自温度要求的"三基点",即最低温度、最适温度和最高温度。园艺植物对三基点的要求一般与其原产地关系密切,原产于温带的,生长基点温度较低,一般在 10℃ 左右开始生长;起源于亚热带的在 15℃～16℃时开始生长;起源于热带的要求温度更高。设施栽培应根据不同园艺作物对温度三基点的要求,尽可能使温度环境处在其生育适温内,即适温持续时间越长,生长发育越好,有利于优质、高产。露地栽培适温持续时间受季节和天气状况的影响,设施栽培则可以人为调控。充分认识和了解园艺设施内的温度条件和调节技术,对于搞好设施园艺生产是十分必要的。

一、设施内的气温和地温特点

日光温室的温度是随着太阳的升降和有无而变化的。晴天上午适时揭苫后,温度有个短暂的下降过程,然后便急剧上升,一般每小时可升高 6℃～7℃。在 14 时左右达到最高,以后随着太阳的西下温度降低,到 17～18 时温度下降比较快。盖苫后,室温有个暂时的回升过程,然后一直处于缓慢的下降状态,直至翌日的黎明达到最低。

(一)白天温度内部高于外部

这主要有两方面原因,原因之一是"温室效应",即玻璃或塑料薄膜等透明覆盖物,可让短波辐射(320～470nm)透射进园艺设施内,又能阻止设施内长波辐射透射出去而失散于大气之中。另一个原因是保护设施为半封闭空间,内外空气交换弱,从而使蓄积热量不易损失。根据荷兰布辛格的资料,第一个原因对温室增温的贡献为 28%,第二个原因为 72%。所以,设施内白天温度高的原因,除了与覆盖物的保温作用有关系外,还与被加热的空气不易被风吹走有关系。

(二)气温有季节性变化

设施内的冬天天数明显缩短,夏天天数明显增长,保温性能好的日光温室几乎不存在冬季。

(三)日温差变化大

园艺设施内的日温差是指一天内最高温度与最低温度之差。设施内的日温差要比露地大得多,容积小的设施如小拱棚尤其显著。

(四)气温分布严重不均

园艺设施内气温的分布是不均匀的,不论在垂直方向还是在水平方向都存在着温差。在寒冷的早春或冬季,边行地带的气温和地温比内部低很多。温室大棚内温度空间分布比较复杂。在保温条件下,垂直方向的温差上下可达 4℃～6℃,塑料大棚和加温温室等设施的水平方向温差较小,日光温室的南侧温度低,北侧温度高,这种温差夜间大于白天。温度分布不均匀的原因,主要有太阳光入射量分布的不均匀,加温、降温设备的种类和安装位置,通风换气的方式,外界风向,内外气温差及设施结构等多种因素。

(五)土温较气温稳定

设施内地温也存在明显的日变化和季节变化,但较气温稳定。气温升高时,土壤从空气中吸收热量引起地温升高,当气温下降时土壤则向空气中放热保持气温。低温期可通过提高地温,弥补气温偏低的不足。一般地温升高 1℃对蔬菜生长的促进作用,相当于提高 2℃～3℃气温的效果。一年中,地温最低的月份是在 12 月上中旬,直到 2 月下旬,地温上升缓慢,3 月上旬地温迅速升高,到 5 月下旬地表温度可升高到 25℃左右。

二、设施内温度环境的影响因素

园艺设施是一个半封闭系统,这个系统不断与外界进行着能量交换。根据能量守恒原理,蓄积于温室系统内的热量等于进入温室的热量减去传出的热量。当进入温室的热量大于传出的热量时,温室因得热而升温。但根据传热学理论,系统吸收或释放热量的多少与其本身的温度有关,温度高则吸热少而放热多。所以,当系统因吸热而增温后,系统本身得热逐渐减少,而失热逐渐增大,促使向着相反方向转化,直至热量收支平衡。由于系统本身与外界环境的热状况不断发生变化,因此这种平衡是一种动态平衡。所有影响这种平衡的因素都会直接或间接影响设施的温度环境。

(一)保 温 比

保温比是指设施内的土壤面积与覆盖及维护结构表面积之比,最大值为 1。保温比越小,说明覆盖物及维护结构的表面积越大,增加了同室外空气的热交换面积,降低了保温能力。一般单栋温室的保温比为 0.5~0.6,连栋温室为 0.7~0.8。保温比越小,保护设施的容积也越小,相对覆盖面积大,所以白天吸热面积大,容易升温,夜间散热面大也容易降温,所以日温差也大。

(二)覆盖材料

覆盖材料不同,对短波太阳光的透过以及长波红外线辐射能力不同,设施内的日温差也不同。如聚乙烯透过太阳辐射能力优于聚氯乙烯,白天易增温,但聚乙烯透过红外线的能力也比聚氯乙烯强,故夜间易降温。所以,聚乙烯保温性能较差,棚内日温差大。聚氯乙烯增温性能虽不如聚乙烯,但保温性能好,故日温差小。

(三)太阳辐射和人工加热

太阳辐射和人工加热是加温温室夜间的重要热量来源。

(四)贯流放热

它是园艺设施放热的主要途径,占总散热量的 60%~70%,高时可达 90% 左右。贯流传热主要分三个过程:保护设施的内表面先吸收从其他方面来的辐射热和从空气中来的对流热,在覆盖物内外表面间形成温度差,然后以传导的方式将内表面热量传至外表面,最后在设施外表面,又以对流辐射方式将热量传至外界空气之中。贯流放热的大小跟保护设施表面积、覆盖材料的热贯流率以及设施内外温差有关。热贯流率的大小,除了与物质的导热率、对流传热率和辐射传热率有关外,还受室外风速大小的影响。风能吹散覆盖物外表面的空气层,带走热空气,使设施内的热量不断向外贯流。常见设施覆盖材料的热贯流率列于表 5-6。

(五)换气放热

由于园艺设施内外空气交换而导致的热量损失称为换气放热。它也是设施内热量支出的一种形式。与保护设施内自然通风、强制通风以及设施缝隙大小有关。普通园艺设施换气放热是贯流放热的 1/10。包括潜热和显热两部分。潜热是由水的相变而引起的热量转换。显热是直接由温差引起的热量转换。换气放热的大小跟门窗结构以及外界风速有关(表5-7)。

表5-6　常见设施覆盖材料的热贯流率　[单位:kJ/(m²·h·℃)]

种类	规格(mm)	热贯流率	种类	规格(mm)	热贯流率
玻璃	2.5	20.92	木条	厚5	4.6
玻璃	3~3.5	20.08	木条	厚8	3.77
玻璃	4~5	18.83	砖墙(面抹灰)	厚38	5.77
聚氯乙烯	单层	23.01	钢管		41.84~53.97
聚氯乙烯	双层	12.55	土墙	厚50	4.18
聚乙烯	单层	24.27	草苫		12.55
合成树脂板 FRP、FRA、MMA		5	钢筋混凝土	5	18.41
合成树脂板	双层	14.64	钢筋混凝土	10	15.9

表5-7　每米门窗缝隙每小时渗入室内冷空气量　[单位:m³/(h·m)]

结构	冬季平均风速(m/s)					
	1	2	3	4	5	6
单层钢窗	0.8	1.8	2.5	4		6
双层钢窗	0.6	1.3	2	2.8	3.5	4.2
门	2	5.1	7	10	13.5	16
单层木窗	1	2.5	3.5	5	6.5	8
双层木窗	0.7	1.8	2.8	3.5	4.6	5.6

(六)地中传热

地中传热包括热量在土壤中的垂直传导和水平传导,是设施内热量支出的一种形式。垂直传导受土壤松紧度和含水量影响很大。水平传热量的大小还与距外墙距离有关,距外墙越远,传热量相对减小。

三、设施内温度环境的调控

根据上述热量平衡原理,只要增加进入的热量或减少传出的热量,就能使保护系统内维持较高的温度水平;反之,便会出现较低的温度水平。因此,对不同地区、不同季节以及不同用途的保护设施,可采取不同的措施,或保温或加温,或降温以调节控制设施内的温度。

(一)保 温

1. 减少贯流放热 最有效的办法是增加维护结构、覆盖物的厚度、多层覆盖、采用隔热性能好的保温覆盖材料,以提高设施的气密性。常见保温覆盖材料的隔热性能见表 3-8。

多层覆盖的常见做法为在室外覆盖草苫、纸被或保温被,使用二层固定覆盖(双层充气膜)、室内活动保温幕(活动天幕)和室内扣小拱棚。此外,为了减少贯流放热,还应尽量使用保温性能好的材料作墙体和后坡的材料,并尽量加厚,或用异质复合材料作墙体及后坡,使用厚度在 5cm 左右的草苫,高寒地区使用较厚的棚膜等。

2. 减少换气放热 尽可能减少园艺设施缝隙;及时修补破损的棚膜;在门外建造缓冲间,并随手关严房门。

3. 减少温室南底角土壤热量散失 设置防寒沟,防止地中热量横向流出。在设施周围挖一条宽 30cm,深度与当地冻土层相当的沟,沟中填保温隔热材料。

4. 减少土壤蒸发和作物蒸腾 全面地膜覆盖、膜下暗灌、滴灌,减少潜热消耗。

5. 增大保温比 适当降低园艺设施的高度,缩小夜间保护设施的散热面积,有利于提高设施内昼夜的气温和地温。

(二)加 温

1. 增加园艺设施进光量 通过设施结构的合理采光设计和

科学管理,改善设施光环境。如设计合理的前屋面角、使用透光率高的薄膜等,增加温室的蓄热量。

2. 人工加温　各种加温方式所用的装置不同,其加温效果、可控制性能、维修管理以及设备费用和运行费用等都有很大差异。另外,热源在温室大棚内的部位以及配热方式不同,对气温的空间分布有很大影响,应根据使用对象和采暖、配热方式的特点慎重选择。生产上常见的人工加热方式主要有以下几种。

(1)热风加温　热风采暖系统主要是热风炉直接加热空气,供热管道大多采用聚乙烯薄膜制成。日本应用比较多的是燃油热风机,燃料是高质量的灯油,燃烧时没有有害气体产生,热风机多设置在设施内部,但为了安全一般都有通往设施外的烟筒。优点是预热时间短,升温快。缺点是停机后缺少保温性,温度不稳定。

(2)热水加温　系统由锅炉、管道、散热器组成,是最有发展前景的加热方式。热稳定性好,温度分布均匀,波动小,生产安全可靠,供热负荷大,是高标准的日光温室和现代化温室的主流加温方式。缺点是设备投资大,运行费用高。另外,结合当地的地热资源、工业废热水以及太阳能蓄热采暖等进行热水加温,可以大大降低成本。

(3)土壤加温　利用电加温线进行加温,主要用于育苗。优点是温度可控,设备投资少。缺点是耗电量大,存在安全隐患。此外,也有在栽培床下面埋设管道利用热水进行加温的。

(4)炉火加温　用地炉烧煤用烟囱散热取暖的加温方式。优点是简单可以自制,设备费用低,加温效果持续时间长。缺点是预热时间长,烧火费劳力,不易控制,有煤气中毒安全隐患。

(三)降　温

1. 通风换气　保护设施内降温最简单的途径是自然通风换气,但在温度过高、依靠自然通风不能满足园艺作物生育要求时,必须进行人工强制通风降温。

（1）自然通风　采用自然通风降温，主要考虑当地的室外温度，顶窗、侧窗的位置及数量。自然通风降温最好的降温效果可达到室内外温差 3℃～5℃。采用自然通风降温的设施主要以单栋小型为主，它是利用设施内外的气温差产生的重力达到换气的目的，效果比较明显。连栋温室的通风效果与连栋数有关，连栋数越多，通风效果越差。单栋温室的通风口通常设两道，一道是位于采光屋面顶部靠近屋脊的位置，称为顶风口；另一道设在采光屋面南侧距地面 1.1～1.2m 高处，称为腰风口。冬季主要放顶风，早春配合顶风放腰风降温，初夏掀开采光屋面棚膜底角放底风，方便时可在后墙每隔 3m 留一个通风窗，初夏通风效果好。塑料大棚主要有顶风、腰风、底风三处通风口。

（2）强制通风　强制通风降温法也称机械通风降温，一般只用于连栋温室。指在通风的出口和入口处增设动力扇，吸气口对面安装排风扇，或排气口对面安装送风扇，使室内外产生压力差，形成冷热空气的对流，从而达到通风换气的目的。强制通风一般有温度自控调节器，它与继电器相配合，排风扇可以根据室内温度变化情况自动开关。通过温度自动控制器，当室温超过设定温度时即进行通风。强制通风的缺点是耗电多。

2. 遮光　当遮光 20%～30% 时，室温相应降低 4℃～6℃。一般遮阳方法有内遮阳、外遮阳和涂白，其中外遮阳效果最好。

（1）外遮阳降温系统　外遮阳降温系统采用缀铝遮阳及电动或手动拉幕系统，安装在温室的顶外侧，距温室顶部大概 40～50cm 的位置，遮挡强烈的阳光直接照射，利用缀铝表面阻挡并反射阳光来降低温室内部的温度。不同遮阳网的遮阳率不同，故在选择遮阳网时，要根据种植作物的种类及作物对阳光的需求来定。一般遮阳网都做成黑色或墨绿色，也有的做成银灰色。

（2）内遮阳降温系统　内遮阳降温系统采用的一般就是银灰色的遮阳幕，还可以兼作保温幕，故内遮阳幕又被称为内保温幕。

采用室内遮阳系统的目的是阻隔部分进入温室的阳光,通过内遮阳可以有效地降低太阳辐射的强度。目前使用较多的是铝箔材料编织的内遮阳保温幕,具有遮阳和保温两种功能。对于内遮阳上部的热空气层,可采用顶部开窗或排风扇排出室外。

(3)涂白　涂白指温室覆盖材料表面喷涂白色遮光物,减少进入温室的阳光,但其遮光、降温效果略差,不如外部遮阳。初期一次性投资较少,但每年需要重新喷涂,因此费工费时。

3. 增大潜热消耗　潜热消耗是通过大量浇水之后通风排湿,靠水的汽化热带走大量的热量,达到降温的目的。应用此法时注意天气变化,应在晴天时进行。

4. 汽化冷却法　汽化冷却法主要是利用水的传导冷却、水吸收红外辐射和水的汽化蒸发达到温室内的降温效果。目前主要有屋面喷淋法、雾帘降温法、湿帘-风机降温系统、室内喷雾降温法等形式。

(1)**屋面喷淋法**　层面喷淋法是在温室屋顶喷淋冷却水降温。流水层可吸收投射到屋面的太阳辐射 8% 左右,并能用水吸热冷却屋面,室温可降低 3℃~4℃。采用此方法时水质硬的地区需对水作软化处理再用。

(2)**雾帘降温法**　是在温室内距屋面一定距离铺设一层水膜材料,在其上用水喷淋来降温。与屋面喷淋相比,室内水膜的降温效果更好。

(3)**湿帘-风机降温系统**　这种降温措施是现代温室内的通用设备,主要利用水的蒸发吸热原理达到降温的目的。该系统的核心是让水均匀地淋湿湿帘墙,当空气穿透湿帘介质时,与湿润介质表面进行水汽交换,将空气的显热转化为汽化潜热,从而实现对空气的加湿与降温。湿帘一般安装在温室的北侧墙面上,风机安装在温室南侧一端。当需要降温时,通过控制系统的指令启动风机,将室内的空气强行抽出,造成负压,同时水泵将水打在对面的湿帘上。室外空气被负压吸入室内时,以一定的速度从湿帘的缝隙穿过,导致水分蒸发、降温,冷空气流经温室,吸收室内热量后,经风机排出,从而达到循环降温的目的。使用湿帘-风机降温系统时,要求温室的密封性好,否则会由于热风渗透而影响湿帘的降温效果,而且对水质的要求比较高,硬水要经过处理后才能使用,以免在湿帘缝隙中结垢堵塞湿帘,引起耗电高的问题。

(4)室内喷雾降温法 喷雾降温是利用加压的水,通过喷头以后形成细小的雾滴,飘散在温室内的空气中并与空气发生热湿交换,达到蒸发降温的效果。高压喷雾降温法也称为冷雾降温,是目前温室中应用较先进的降温方法。其基本原理是普通的水经过系统自身配备的过滤系统后,进入高压泵,水在很高的压力下,通过管路,流过孔径非常小的喷嘴,形成直径为 $20\mu m$ 以下的细雾滴,雾滴弥漫整个温室与空气混合,从而达到降温的目的。高压喷雾降温由于压力高,需要专门的增压设备和增压后的输送高压铜管,成本较高。

(四)变温管理

根据果菜类蔬菜生长的要求来调节温度,使作物能更多地制造光合产物,尽可能减少呼吸对营养物质的消耗,从而起到增产、节能的作用。变温管理对多种蔬菜作物,尤其是果菜类作物有明显的增产效果,而且产品外观和品质均明显改善。

进行变温管理时,除了气温进行一天四段变温或夜间两段变温外,还要注意地温的变化,处理好地温与气温之间的关系。如对于番茄生长发育的影响,气温大于地温,育苗期在 20℃ 以上的高气温条件下,低地温比高地温的幼苗健壮而优质,地上部重与株高的比值大,定植后生长发育也好。黄瓜对地温的反应比番茄要敏感,育苗期气温 16℃～24℃,地温 20℃ 幼苗生长发育最好。如果气温较高,则以地温较低的生长发育好,定植后也以高地温的生长发育好。地温低时,则以昼夜高气温的生长发育。

设计变温管理的目标温度时,一般以白天适温上限作为上午和中午的适宜温度以增进光合作用,下限作为下午的目标气温。下午 16~17 时比夜间适温上限提高 1℃~2℃,以促进植株内同化物转运,其后以下限温度作为通常的夜温,即以尚能正常生育的最低界限温度作为后半夜的目标温度,以抑制呼吸消耗。果菜类蔬菜的变温管理方法见表 5-8。

表 5-8　果菜变温管理方法　（单位：℃）

种　类	变温管理					常规管理	
	6~12 时	12~17 时	17~21 时		21~6 时	白　天	夜　间
			晴　天	阴　天			
黄　瓜	30	20	16	14	白刺黄瓜 12	28	14
					黑刺黄瓜 10		
番　茄	27	24	12	10	5	25	8
甜　瓜	着果前 30	26	24	22	16	30	17
	着果后 28				10		

第三节　湿度环境及其调控

一、设施内的空气湿度和土壤湿度特点

(一)设施内的空气湿度特点

1. 高湿　表示空气潮湿程度的物理量称为湿度。通常用绝对湿度和相对湿度表示。设施内空气的绝对湿度和相对湿度一般都大于露地。设施内作物由于生长势强,代谢旺盛,作物叶面积指数高,通过蒸腾作用释放出大量水蒸气,在密闭情况下会使棚室内水蒸气很快达到饱和。设施内相对湿度和绝对湿度均高于露地,

平均相对湿度一般在 90％左右,尤其夜间经常出现 100％的饱和状态。

2. 空气相对湿度的季节变化和日变化明显　设施空间越小,这种变化越明显。设施内季节变化一般是低温季节相对湿度高,高温季节相对湿度低;昼夜日变化为夜晚湿度高,白天湿度低,白天的中午前后湿度最低。

3. 湿度分布不均匀　由于设施内温度分布存在差异,导致相对湿度分布也存在差异。一般情况下是,温度较低的部位,相对湿度较高,而且经常导致局部低温部位产生结露现象,对设施环境及植物生长发育造成不利影响。空气湿度依园艺设施的大小而变化。大型设施空气湿度及其日变化小,但局部湿差大。

(二)设施内的土壤湿度特点

设施的空间或地面有比较严密的覆盖材料,土壤耕作层不能依靠降雨来补充水分,故土壤湿度只能由灌水量、土壤毛细管上升水量、土壤蒸发量以及作物蒸腾量的大小来决定。设施内的土壤湿度具有以下特点:土壤湿度变化小,比露地稳定;水分蒸发和蒸腾量很少,土壤湿度较大;土壤水分多数时候是向上运动的;设施不同位置存在着一定的湿差。通常塑料大棚的四周土壤湿度大,一是因为四周温度低,水分蒸发量少,二是由于蒸发作物蒸腾的水分在薄膜内表面结露,不断顺着薄膜流向棚的四周。温室南侧底角附近土壤湿度大,也是由于此处温度尤其是夜温低、蒸发量少,棚膜上的露滴全部流入此处。温室后墙附近的土壤湿度最小,有加温设备的,其附近土壤湿度更低。另外,无滴膜使用一段时间后流滴效果减弱,温室大棚内容易"下雨",可产生地表湿润的现象。

二、设施灌溉技术

由于设施内的特殊环境,以及种植在设施内的蔬菜、花卉、苗木等对环境水分条件的要求与大田作物、露地蔬菜和果树等完全不同,因此与其相适应采用的灌溉技术也有差别。但是,无论选用何种灌溉技术都以为设施内植物创造良好的水分环境为目的。设施内的灌溉既要掌握灌溉期,又要掌握灌溉量,使之达到节约用水和高效利用的目的。常用的灌溉方法如下。

(一)沟 灌 法

省力、速度快。其控制办法只能从调节阀门或水沟入水量着手,浪费土地浪费水,容易增加空气湿度,不宜在设施内采用。

(二)喷壶洒水法

传统方法,简单易行,便于掌握与控制。但只能在短时间、小面积内起到调节作用,不能根本解决作物生育需水问题,而且费时、费力,均匀性差。

(三)喷 灌 法

喷灌是利用专门设备将有压水输送、分配到灌溉区,再由喷头喷射到空中散成细小的水滴,均匀地洒落在灌溉区上,以满足作物生长对水分的需求。其特点是对地形适应性强,机械化程度高,灌水均匀,灌溉水利用系数较高,尤其是适合透水强的土壤,并可调节空气湿度和温度。但基础建设投资较高,而且容易增加空气湿度,不适合在设施蔬菜上应用。

(四)水龙浇水法

即采用塑料薄膜滴灌带,成本较低,可以在每个畦上固定一条,每条上面每隔 20～40cm 有一对 0.6mm 的小孔,用低水压也能使 20～30m 长的畦灌水均匀。也可放在地膜下面,降低室内湿度。

(五)滴 灌 法

滴灌根据设备工作压力不同分为常压滴灌和重力滴灌,根据设备管道铺放方式不同分为地下滴灌和地表滴灌。它是利用安装在末级管道上的滴头或滴灌管,将水一滴滴均匀缓慢地滴入作物根区附近的土壤中。由于滴水量小,水滴缓慢入土,因而除滴头下面的土壤水分处于饱和状态外,其他部分的土壤水分均处于不饱和状态。

(六)渗 灌 法

渗灌是将微压水通过埋在地下根层附近的橡塑渗水管向土壤渗水,再借助土壤的毛细管作用,将水扩散到作物根区周围,由于无地表蒸发,因此比滴灌可节水 20%以上。它工作压力低,节能效果好,因此世界上正在大力推广地下渗灌技术。渗灌的关键设备是渗灌管,管内外看不见出水孔,管内水有微压时就会像"出汗"一样渗水,它质地柔软、耐压、不易堵塞,寿命可达 15 年。此方法投资较大,花费劳力,但对土壤保湿及防止板结、降低土壤及空气湿度、防止病害效果比较明显。

为有效调控设施内的水分环境,设施内采用的灌溉技术必须满足下述基本要求:依植物需水要求,遵循灌溉制度,按计划灌水定额实施适时适量灌水;田间水有效利用率高,一般不低于 0.9;灌溉水有效利用率滴灌不低于 0.9,微、喷灌不低于 0.85;保证获得高效、优质、高产和稳产;灌水劳动生产率高,灌水用工少;灌水简单经济,易于操作,便于推广;灌溉系统和装置投资小,管理运行费用低。设施灌溉应以微灌技术为主,选用滴灌技术和微喷灌技术,以及由其派生出的一些现代化、自动化程度高的灌溉新技术。

目前我国设施内微灌系统主要采用下述几种:

1. 地面上固定式滴灌系统　其灌水器多采用带有迷宫式消能和抗堵塞长流道的边缝式和贴壁式滴灌带,其次是有压力补偿和无压力补偿的内镶式滴灌管以及其他纽扣式滴头,主要适用于蔬菜灌溉。

2. 悬吊式向下喷洒、插管式向上喷洒的固定式或半固定式微喷灌系统　其灌水器多采用折射式、射流式微喷头,主要适用于喷洒花卉、苗圃、盆栽和低矮的观赏植物;设施内也有采用摇臂旋转式小喷头的,主要喷洒大棚内较高的苗木、果树或要求环境湿度较大的观赏植物或高架植物。大多数蔬菜要求设施内空气湿度不宜过高，否则会使蔬菜生长受阻，并易发生病虫害，因此以选用滴灌技术为最好，一般不宜采用微喷灌技术。对花卉、苗木、无土栽培植物、盆栽和观赏植物往往需要设施内湿度较高，则应以选用微喷灌技术为宜。

三、设施内湿度环境的调控

(一)空气湿度

1. 除湿　设施内空气湿度都较高，特别是在冬季不通风时，湿度高达80%～90%或更高，夜间可达100%。实践证明，设施内空气湿度过高，不仅会造成植物生理失调，也易引起病虫害的发生。影响设施内空气湿度的主要因素有设施的结构和材料、设施的密闭性和外界气候条件、灌溉技术措施等，其中灌溉技术措施是主要影响因素。温室除湿的最终目的是防止作物沾湿，抑制病害发生。

(1)被动除湿　被动除湿指不用人工动力(电力等)，不靠水蒸气或雾等的自然流动，使园艺设施内保持适宜湿度环境。通过减少灌水次数和灌水量、改变灌水方式可从源头上降低相对湿度。采用地膜覆盖，可抑制土壤表面水分蒸发，提高室温和空气湿度饱和差，防止空气湿度增加。自然通风是除湿降温常用的方法，通过打开通风窗、揭薄膜、扒缝等通风方式通风，达到降低设施内湿度的目的。

(2)主动除湿　主动除湿指用人工动力，依靠水蒸气或雾等的自然流动，使园艺设施内保持适宜湿度环境。主动除湿的方法主要为利用风机进行强制通风。还可通过提高温度(加温等)降低相对湿度。或设置风扇强制空气流动，促进水蒸气扩散，防止作物沾湿。采用吸湿材料，如二层幕用无纺布，地面铺放稻草、生石灰、氧化硅胶等。采用流滴膜和冷却管，让水蒸气结露，再排出室外。喷施防蒸腾剂,减少绝对湿度。用除湿机降低湿度。

2. 加　湿

（1）喷雾　加湿常用方法是喷雾或地面洒水,如103型三相电动喷雾加湿器、空气洗涤器、离心式喷雾器、超声波喷雾器等。

（2）湿帘　湿帘主要是用来降温的,同时也可达到增加室内湿度的目的。

（3）灌水　通过增加浇水次数和浇灌量、减少通风等措施,可增加空气湿度。

（4）降温　通过降低室温或减弱光强可在一定程度上提高相对湿度或降低蒸腾强度。

（二）土壤湿度

土壤湿度的调控应当依据作物种类及生育期的需水量、体内水分状况以及土壤湿度状况而定。随着设施园艺向现代化、工厂化方向发展,要求采用机械化自动化灌溉设备,根据作物各生育期需水量和土壤水分张力进行土壤湿度调控。

1. 降低土壤湿度　减少灌水次数和灌水量是防止土壤湿度增加的有效措施,还可进行隔畦灌水,采取滴灌、渗灌等节水灌溉方式;勤中耕松土可以切断土壤表层毛细管,达到"散表墒、蓄底墒"的效果,降低表层土壤的湿度。苗床土壤湿度过大时可撒干细土或草木灰吸湿。

2. 增加土壤湿度　设施内环境处于半封闭或全封闭状态,空间较小,气流稳定,又隔断了天然降水对土壤水分的补充。因此,设施内土壤表层水分欠缺时,只能由深层土壤通过毛细管上升水补充,或进行灌水弥补。灌水是增加湿度的主要措施,另外进行地膜覆盖栽培可减少水分蒸发,长时间保持土壤湿润。

第四节　气体环境及其调控

因设施是一个密闭或半密闭系统,空气流动性小,棚内的气体均匀性较差,与外界交换很少,往往造成园艺作物生长需要的气体严重缺乏,而对园艺作物生长不利的气体,或有害的气体又排不出去,使设施内的园艺作物受害。因此,设施内进行合理的气体调控是非常必要的。

一、设施内的气体环境特点

(一)夜间氧气(O_2)不足

对园艺作物生长发育最重要的是氧气,尤其在夜间,光合作用因为黑暗的环境而不再进行,呼吸作用则需要充足的氧气。地上部分的生长需氧来自空气,而地下部分根系的形成,特别是侧根及根毛的形成,需要土壤中有足够的氧气,否则根系会因为缺氧而窒息死亡。

(二)二氧化碳(CO_2)缺乏

对园艺作物生长发育最重要的是氧气和二氧化碳气体,氧气对植物根系生长发育起作用,二氧化碳是光合作用的原料,在植物生长发育过程中必不可少。由于设施内园艺作物的光合作用需要大量的二氧化碳气体,而设施内与外界交换很少,二氧化碳难以及时补充,造成严重亏缺,这是设施气体变化的主要特点。在二氧化碳日变化进程中,夜间、凌晨、傍晚二氧化碳含量浓度较高,而白天较低。在园艺作物冠层内的二氧化碳含量浓度变化规律明显不同,一般园艺作物冠层上部最高,下部次之,而中部分布的主要是功能叶,光合作用最旺盛,因此二氧化碳浓度最低,中午前进行二氧化碳施肥十分必要。

(三)易发生有害气体危害

在密闭的设施内,由于施肥、采暖、塑料薄膜等技术的应用,往往会产生一些有害气体,如氨气(NH_3)、二氧化氮(NO_2)、一氧化碳(CO)、二氧化硫(SO_2)、乙烯(C_2H_4)、氯气(Cl_2)、氟化氢(HF)等,若不及时将这些气体排出,就会对园艺作物造成较大的危害。

二、二氧化碳施肥技术

二氧化碳是绿色植物光合作用的主要原料,大气中二氧化碳浓度为 0.03%,远低于一般蔬菜二氧化碳的饱和点(0.1%～0.16%),不能满足光合作用的需要。棚室设施条件下,在寒冷季节用薄膜严密覆盖,致使棚室内白天二氧化碳严重亏缺,已成为限制棚室园艺作物光合生产力及其产量产值的重要因素。二氧化碳施肥技术在我国北方棚室蔬菜育苗和蔬菜果树生产上已经推广应用,具体作用表现为:培育壮苗,促早发,促进坐果和果实肥大,增产,改善商品品质和内在品质,抑制和减轻病害等。

(一)二氧化碳肥源

1. 利用微生物分解有机物产生二氧化碳 常见的方式有增施有机肥(如人畜粪肥、作物秸秆、杂草落叶等)和棚室内种植食用菌(如平菇)。据调查,施用秸秆堆肥 4.5kg/m²,可产生二氧化碳气体 1～3g/(m²·h),可使保护地在 30 天内二氧化碳平均浓度达到 600～800μl/L。又据测定,在温室后坡下种植平菇,出菇期间(17℃～25℃),可产生二氧化碳气体 8～10g/(m²·h)。可见,增施有机肥和种植食用菌,在一定时期内对提高棚室内二氧化碳浓度有十分明显的作用。但是,微生物分解有机物质释放二氧化碳的过程是缓慢的,其二氧化碳释放量也小,经夜间累积的二氧化碳,不能满足蔬菜生育中后期叶面积指数较大光合作用对二氧化碳的大量需求。此法有一定局限性,只能作为补充室内二氧化碳的辅助措施。

2. 燃烧碳素或碳氢化合物产生二氧化碳　此法主要是利用燃具二氧化碳发生器点燃可燃性原料,如煤油、石油液化气、天然气、沼气、煤炭、焦炭等,产生二氧化碳。通常,1kg 白煤油或石油液化气、沼气等可产生二氧化碳气体约 3kg,可使 667m² 大棚(按体积约 1000m³ 计)内二氧化碳浓度增加约 1500μl/L。加温温室内的燃煤炉火可以明显提高室内二氧化碳浓度。此法优点是简单易行,易于控制二氧化碳释放量及时间。但是,有些地区燃料供应紧张或价格较高时不易采用。另外,燃烧煤油、石油液化气、煤炭等产生二氧化碳的同时,会相伴产生二氧化硫和一氧化碳等有害气体,危害蔬菜。由解放军第二炮兵后勤部研制的"温室气肥增施装置",利用普通炉具和燃煤,对燃气有害气体经净化处理后获得纯净二氧化碳。可使棚室内二氧化碳浓度提高到 1500μl/L 左右。在 333m² 棚室内使用 1 台"温室气肥增施装置",每日耗煤、电、药等费用 1.5 元左右。燃烧法通常还可使棚室内气温提高 1℃～2℃,严寒季节有促进蔬菜光合及生长发育的作用。

3. 液态二氧化碳或固态二氧化碳　液态二氧化碳气肥为酒精工业的副产品二氧化碳加压灌入钢瓶而制成。将二氧化碳钢瓶放在温室或大棚内,连接减压阀和导气塑料管即可施放二氧化碳。导气管一般固定在距棚顶 30cm 左右高处,管径 1cm 左右,每隔100～150cm 用细针烙成直径约 2mm 的气体释放孔。此法优点是使用方便、无污染、容易控制放用量和施放时间。适于货源充足价格便宜的地区采用。缺点是需钢瓶,成本较高。

固态二氧化碳又称干冰,是气态二氧化碳在低温(−85℃)下变成的固态粉末。在常温常压下,干冰可气化成二氧化碳气体。1kg 干冰可生成 1kg 二氧化碳气体。此法的缺点是成本高、需冷冻设备、贮运不方便。

4. 化学反应法产生二氧化碳　此法常见的有:碳酸氢铵-硫酸法、石灰石-盐酸或硝酸法。其中,碳酸氢铵-硫酸法,取材容易,成本低,操作简单,易于农村推广,特别是在产生二氧化碳的同时还生成硫酸铵化肥,可用于田间追肥。

利用碳酸氢铵-硫酸法产生二氧化碳气体装置通常是采用耐酸塑料桶。原料采用碳酸氢铵化肥和工业浓硫酸(浓度 95% 左右)。一般,硫酸浓度过高,与碳酸氢铵反应过程中,会产生含硫有害气体。通常将工业浓硫酸与水按 1:3 稀释。稀释方法:将耐酸塑料桶中注入 3 份水,然后边搅拌边沿桶壁缓慢加入 1 份工业浓硫酸,冷却至室温备用。注意严禁将水倒入浓硫酸中,以防硫酸飞溅。如果不小心,浓硫酸溅到皮肤上,应立即用大量清水冲洗。一般 5kg 碳酸氢铵加 3.25kg 工业浓硫酸,可产生二氧化碳气体 2.8kg,可使 667m² 日光温室(按平均高度 1.5m 计)内二氧化碳浓度增加约 1400μl/L 左右。

二氧化碳气体密度为 1.98kg/m³。空气密度为 1.29kg/m³。因此,二氧化碳气体比空气重,扩散慢。为使棚室内施放的二氧化碳气体尽量分布均匀,一般每 667m² 棚室内需设点 10～30 个。设点太多,每天工作量太大。每点塑料桶应悬挂在温室中柱上部或大棚走廊上部,以便二氧化碳气体下沉,便于叶片吸收。塑料桶不要靠近蔬菜植株,防止叶片伤害。

5. 二氧化碳颗粒气肥　目前国内一些厂家生产的二氧化碳颗粒气肥,呈不规则圆球形,直径 0.5～1cm,理化性质稳定,施入土壤遇潮后,可连续缓慢产生二氧化碳气体,使用方便、安全可靠。在 667m² 棚室内一次施用 40～50kg 颗粒气肥,可连续 40 天以上不断释放二氧化碳气体,使棚室内二氧化碳浓度增加,而且释放二氧化碳气体的浓度,随光照强弱和温度高低自动调节。颗粒气肥的施用方式有:沟施,一般开沟深 2～3cm,均匀撒入颗粒气肥后覆土 1cm 厚;穴肥,一般开沟深 3cm,每穴撒入颗粒气肥 20～30 粒,覆土 1cm 厚;畦面撒肥,将颗粒气肥撒在畦面近植株根部附近即可。

(二)二氧化碳施用技术

1. 二氧化碳施用浓度　为充分发挥功能叶片的光合能力,尽量获得最大净光合速率,二氧化碳施用的适宜浓度应以作物的二氧化碳饱和点为参照点。但是,实际生产状态中,作物的二氧化碳饱和点,受品种、光照度、温度等因素的影响较大,不易准确把握。如:群体上、中、下层的光照状况以及叶片的受光姿态差异较大,则二氧化碳饱和点差异较大。因此,生产中常进行经验型施放二氧化碳。其二氧化碳施放浓度一般掌握在 $700\sim1\,400\mu l/L$ 之间。一般,晴天比阴天高些;而雨雪天气光照过弱不宜施放二氧化碳。二氧化碳施用浓度不宜过高,以防抑制作物生长发育或造成植株伤害。

2. 二氧化碳施用量　二氧化碳气肥通常在棚室作物群体光合作用旺盛的时期内施放。每日二氧化碳施用量,应以棚室作物群体光合作用日进程中的旺盛时期内的二氧化碳同化需求量相接近,其计算公式如下。

每日 CO_2 施用量(g)＝群体平均净光合速率×叶面积指数×棚室面积×每日光合盛期时间×100÷1000

以大棚早熟辣椒结果初期为例。设大棚辣椒面积为 $667m^2$,其结果初期叶面积指数(LAI)为 $3.5m^2/m^2$,在二氧化碳施用浓度 $700\mu l/L$ 下,群体平均净光合速率取 $20mg/(dm^2\cdot h)$,一天内二氧化碳同化旺盛时间取 $8{:}30\sim10{:}30$,即 2 个小时,则每日二氧化碳施用量为 $20mg/(dm^2\cdot h)\times3.5m^2/m^2\times667m^2\times2h\times100\div1000＝9\,338g$ 二氧化碳。因此,大棚辣椒结果初期,应保持适宜二氧化碳浓度前提下,在上午 $8{:}30\sim10{:}30$ 施放 $9\,338g$ 二氧化碳。

3. 二氧化碳施放方式　针对上例,若将 $9\,338g$ 二氧化碳一次施放于大棚内,会使棚内二氧化碳浓度过高。

施放二氧化碳浓度＝$509.1\times$ 施放二氧化碳量(g)÷棚室面

积(m^2)÷棚室平均高度(m)

棚室平均高度取1.5m则二氧化碳浓度为509.1 × 9338g ÷ 667m^2 ÷ 1.5m = 4 751.6μl/L

因此,为保持适宜施放浓度,二氧化碳施放方式可采用连续施放和分次施放两种方式。在连续稳恒二氧化碳施放条件下,棚室蔬菜功能叶的净光合速率才能维持高水平状态。一般有机质、颗粒气肥、温室气肥增施装置等二氧化碳肥源为自然连续施放二氧化碳方式,但因其二氧化碳释放缓慢,一般难与光合二氧化碳同化速率相同步。而其他肥源如燃油、燃气、液态二氧化碳等需加装调控释放量装置或二氧化碳浓度监测系统装置,才可进行比较理想的二氧化碳连续施放,但这会大大增加投资成本。就我国目前条件下,宜采用分次施放二氧化碳方式。但是分次施放会使棚室内二氧化碳浓度不稳定,忽高忽低。因此,要掌握好分次施放二氧化碳的时间间隔和每次施放补气量。一般以每小时施放1~5次为宜。次数过多,工作量太大。

4. 二氧化碳施用时期和时间 多数果菜类蔬菜宜在结果期间施用二氧化碳,而在定植后至坐果前不宜施用,以免造成植株徒长和落花落果问题。二氧化碳施放应在光合作用旺盛期和棚室密闭不放风的时间内进行。北方棚室蔬菜二氧化碳施肥的适宜季节在11月至翌年3月或4月份。5、6月份气温较高,开棚放风时间较早,不宜施放二氧化碳。施放二氧化碳的时间宜在上午揭苫之后或日出之后0.5~1小时开始,至通风前0.5~1小时停止。

5. 二氧化碳施肥时棚室小气候调控技术 为尽量发挥二氧化碳施肥效果,减少二氧化碳释放后的损失,提高产投比,棚室内的小气候调控管理应与之相配合。首先,二氧化碳施肥应以天气日照状况为基础,并配合温度及放风管理。光照充足时,施用二氧化碳浓度宜高些,施用量也应适当增加。其次,应适当增加水肥供应,以满足二氧化碳施肥时,作物光合作用和其他生理代谢活性增强的需求,从而充分发挥二氧化碳施肥的效应。在停止施用二氧化碳的方法上,应逐渐降低使用浓度,逐渐停止施用,避免突然停止施用。另外,二氧化碳施肥期间,有些气源如煤炭、燃油等会产生有害气体,或偶有硫酸飞溅事故发生,应加以重视。

三、预防有毒气体危害

(一)氨气和二氧化氮

主要是在肥料分解过程中产生,氨气和二氧化氮逸出土壤,散布到室内空气中,通过叶片的气孔侵入细胞造成危害。主要危害蔬菜的叶片,分解叶绿素。

1. 危害症状　开始叶片呈水浸状,以后逐步变黄色或淡褐色,严重的可导致全株死亡。容易受害的蔬菜有黄瓜、番茄、辣椒等。受害起始浓度为 $5\mu l/L$。二氧化氮的危害症状是在叶的表面叶脉间出现不规则的水渍状伤害,然后很快使细胞破裂,逐步扩大到整个叶片,产生不规则的坏死。严重时叶肉漂白致死,叶脉也变成白色。它主要危害靠近地面的叶片,对新叶危害较少。黄瓜、茄子等蔬菜容易受害,受害起始浓度为 $2\mu l/L$。两种气体的共同特点是受害后 $2\sim3$ 天受害部分变干,向叶面方向凸起,而且与健康部分界限分明。氨气中毒的病部颜色偏深,呈黄褐色,二氧化氮呈黄白色。pH>8.5 时为氨气中毒,pH<8.2 时为二氧化氮中毒。

2. 发生条件　向碱性土壤施硫酸铵或向铵态氮含量高的土壤一次过量施用尿素或铵态氮化肥后(10 左右),施用未腐熟的鸡粪、饼肥等,都会有氨气和二氧化氮产生,土壤呈强酸性(pH<5)、土壤干旱、盐分浓度过高($>5000mg/kg$)都容易出现氨气和二氧化氮危害。

(3)预防方法　不施用未腐熟的有机肥,严格禁止在土壤表面追施生鸡粪和在有作物生长的温室内发酵生粪。一次追施尿素或铵态氮肥不可过多,并埋入土中。注意施肥与灌水相结合。一旦发现上述气体危害,应及时通风换气并大量灌水。土壤酸度过大时,可适当施用生石灰和硝化抑制剂。

(二)二氧化硫和一氧化碳

菠菜、菜豆对二氧化硫非常敏感,当浓度在 $0.3\sim0.5\mu l/L$ 就可受害。一般在 $1\sim5\mu l/L$ 时大部分蔬菜受害。番茄、菠菜叶面出现灰白斑或黄白斑,茄子出现褐斑。嫩叶容易受害。临时炉火加温使用含二氧化硫高的燃料而且排烟不好就容易发生气害。要使用含硫量低的煤加温,疏通烟道,必要时应用鼓风机使煤充分燃烧。

(三)乙烯

黄瓜、番茄对乙烯敏感,当浓度达到 $0.05\mu l/L$ 6 小时受害。达到 $0.1\mu l/L$ 2 小时,番茄叶片下垂弯曲变黄褐色。达到 $1\mu l/L$ 时,大部分蔬菜叶缘或时脉之间发黄,而后变白枯死。

乙烯的来源为乙烯利及乙烯制品。如有毒的塑料制品,因产品质量不好,在使用过程中经阳光曝晒就可挥发出乙烯气体。乙烯利使用浓度过大,也会产生乙烯气体。为避免乙烯危害,应注意塑料制品质量,使用乙烯利的浓度不可过大,并适当通风。

(四)其他有毒气体

如果园艺设施建在空气污染严重的工厂附近,工厂排出的有毒气体如氨气、二氧化硫、氯气、氯化氢、氟化氢以及煤烟粉尘、金属飘尘等都可从外部通过气体交换进入室内,给作物造成危害。预防方法是避免在污染严重的工厂附近修建温室大棚等设施。

第五节　土壤环境及其调控

土壤是园艺作物赖以生存的基础,园艺作物生长发育所需要的养分与水分,都需从土壤中获得。所以,园艺设施内的土壤营养状况直接关系作物的产量和品质,是十分重要的环境条件。

一、设施内的土壤特点

(一)土壤养分转化、分解速度快

设施土壤温度一般高于露地,土壤中微生物的繁殖和分解活动全年都很旺盛,施入土中的有机肥和土壤中固定的养分分解速度快,利于作物吸收利用。

(二)土壤表层盐分浓度大

由于设施内大量施肥,造成作物不能吸收的盐类积累,同时,受土壤水分蒸发的影响,盐类随着水分向上移动积累在土壤表层。土壤中盐类浓度过大,对蔬菜生长发育不利。土壤类型影响盐分的积累,一般砂质、瘠薄土壤缓冲力低,盐分容易升高,对作物产生危害时的盐分浓度较低;黏质、肥沃土壤缓冲力强,盐分升高慢,对作物产生危害时的盐分浓度较高。盐分浓度大影响作物吸水,诱发生理干旱,盐分浓度大的土壤孔隙度小,水分不容易下渗,可加重作物的吸水障碍,因此在干旱土壤中作物更容易发生盐害。

一般作物的盐害表现为植株矮小,生育不良,叶色浓而有时表面覆盖一层蜡质,严重时从叶缘开始枯干或变褐色向内卷,根变褐以至枯死。盐类聚集时容易诱发植物缺钙。

(三)土壤酸化

施肥不当是引起土壤酸化的主要原因。氮肥用量过多,如基肥中大量施用含氮量高的鸡粪、饼肥和油渣,追肥中施用大量氮素化肥等,土壤中硝酸根离子多,温室内浇水少,又缺少雨淋,更加剧了硝酸根的过度积累,引起土壤 pH 下降。此外,过多施用氯化钾、硫酸铵、过磷酸钙等生理酸性肥也会导致土壤酸性增强。土壤酸化可引发缺素症(磷、钙、钾、镁、钼等),在酸性土壤中,作物容易吸收过多的锰和铝,抑制酶活性,影响矿质吸收;pH 过低不利于微生物活动,影响肥料(尤其是氮)的分解和转化;严重时直接破坏根系的生理功能,导致植株死亡。

(四)土壤营养失衡

在平衡施肥条件下,土壤溶液为平衡溶液,各离子间通过拮抗作用保持一种平衡关系,使根系能够均衡吸收各种营养元素。如果长期偏施一种肥料会破坏各离子间的平衡关系,影响土壤中某些离子的吸收,人为引发缺素症,而过量施肥又会引起营养元素过剩。设施园艺作物连作栽培时,作物吸收的养分离子相对固定,也容易引起某些离子缺乏,而另一些离子过剩。此外,土壤酸化和盐分积累是发生缺素症的另一个重要原因。

土壤养分失衡时作物容易出现以下生理障碍:①氨中毒,表现为叶色深、卷叶。②缺硼,表现为黄瓜茎尖细,叶片小;番茄生长点枯萎;芹菜心腐;莴苣干烧心。③缺钙,如番茄脐裂,番茄和辣椒脐腐病,甘蓝和大白菜烧心(夹皮烂)等。

(五)土壤中病原菌聚集

由于设施内经常进行连作栽培,种植茬次多,土地休闲期短,使得土壤中有益微生物的生长受到抑制,土壤病原菌增殖迅速,土壤微生物平衡遭到破坏,这不仅影响了土壤肥料的分解和转化,还使土传病害及其他病害日益严重,造成连作障碍。设施内多发的土传病害为黄瓜等瓜类的枯萎病、茄子黄萎病、番茄根腐病等。

二、设施内土壤的管理

(一)减轻或防止盐害

设施内增施有机肥,提高土壤对盐分的缓冲能力;根据蔬菜种类进行配方施肥,避免超量施肥,增加土壤盐溶液浓度;土壤深耕,改进理化性质;地膜覆盖,防止水分大量蒸发,表土积盐;夏季种植盐蒿、苏丹草等盐生植物吸收耕层的盐分;在设施闲置季节大量灌水洗盐等。

(二)防止土壤酸化

根据土壤 pH 值需要选择合适的肥料,其中硝酸钙、硝酸钾增加 pH 值,硝酸铵、硫酸铵降低 pH 值,容易造成酸化。在酸性土壤中可施用石灰增加 pH 值,如在翻地时撒生石灰,如用熟石灰用量可减少 $1/2 \sim 2/3$。

(三)防止营养过剩或营养失调

测土施肥,避免盲目施肥,以基肥和追肥并重;增施有机肥;根据肥料特性施肥,多种肥料配合使用;磷肥当年利用率低,需隔年深施作基肥;钾肥在缺钾地块施用时利用率高,以基肥为主,追肥为辅,追施在表土下,防止被固定。

(四)克服连作障碍

1. 轮作　采用不同科的作物进行一定年限的轮作。其作用在于调节地力,改变土壤病原菌的寄主,改变微生物群落。

2. 土壤消毒　可以采用物理消毒和化学消毒两类方法杀灭土壤中的致病菌,物理消毒包括蒸汽消毒和太阳能消毒等方式,太阳能消毒的做法是:夏季用($10\,000 \sim 15\,000 kg/hm^2$)稻草段和熟石灰($1000 kg/hm^2$)与土混匀,地面盖严旧膜,密闭温室升地温(白天 70℃,夜间 25℃),保持 20~30 天。化学消毒可采用 40% 甲醛溶液 50~100 倍液消毒。

3. 换土　是改善设施土壤环境最有效的办法,但是劳动强度大。

4. 嫁接育苗　多采用抗病力强的野生种或栽培种作砧木,与栽培品种进行嫁接,增强栽培品种的抗性,抑制土传病害的发生。如白籽或灰籽南瓜嫁接防治黄瓜枯萎病,瓠瓜嫁接防止西瓜枯萎病,托鲁巴姆茄或番茄嫁接防治茄子黄萎病等。

5. 无土栽培　无土栽培是集近代农业技术、节能、节水的新型的作物栽培方式。它是指不用天然土壤栽培作物,而将作物栽培在营养液中,或栽培在砂砾、蛭石、草炭等非土壤介质中,靠人为供给营养液来生长发育,并完成整个生命周期的栽培方式。无土栽培由于不用土壤,是解决设施连作障碍有效途径。需要指出的是,如果连续应用岩棉等基质进行园艺作物栽培时,也会引起连作障碍。

复习思考题

1. 温室的光环境有哪些特点?光环境调节有何意义?如何进行?

2. 温室的气温有哪些特点?如何进行温室的气温调节?

3. 二氧化碳施肥的意义是什么?常用的方法有哪些?

4. 温室的土壤与露地有何区别?怎样解决温室的连作障碍?

参考文献

1. 张福墁. 设施园艺学. 北京:中国农业大学出版社,2001.

2. 李式军. 设施园艺学. 北京:中国农业出版社,2002.

3. 邹志荣. 园艺设施学. 北京:中国农业出版社,2002.

4. 陈贵林. 蔬菜温室建造与管理手册. 北京:中国农业出版社,2000.

5. 高志奎. 辣椒优质丰产栽培原理与技术. 北京:中国农业出版社,2002.322~328.

6. 古在丰树. 最新设施园艺学. 东京:朝仓邦造株式会社,2006.58-124.

7. 周长吉. 日光温室的采光设计. 石河子农学院学报,1996,10-16.

8. 周长吉. 日光温室优化设计及综合配套技术(三) 无柱式日光温室骨架结构优化设计. 设施园艺,1993.

9. 焦庆余. 北方塑膜覆盖日光温室优化设计. 农村能源,1999.7-8.

10. 贾探民. 设施栽培中的补光技术. 西南园艺,2000(4):50.

11. 颉建明. 节能日光温室环境调控技术. 甘肃农业,2007(9):95-96.

12. 黎晨. 日光温室的环境特点及调控技术. 农业科技与信息,2007(1):25-26.

13. 李化龙. 农业设施环境中光、热、湿、CO_2 浓度等要素调控及应用技术研究进展. 温室园艺,2006(4):9-11.

14. 周春霞. 简述喷灌技术的特点及应用. 黑龙江科技信

息,2008(8):130.

15. 王子英. 谈设施农业节水灌溉技术. 河北农机,2003(4):25.

16. 陈广泉. 设施无公害蔬菜生产中有害气体的发生与防治对策. 中国果菜,2006(4):35.

17. 张振和. 园艺设施内土壤和气体环境特点及其调节. 农村实用工程技术——温室园艺 2005.(3):36-37.

18. 曹德航. 设施蔬菜环境条件及其综合调控技术. 山东农业科学,2007(2):122-124.

金盾版图书,科学实用,
通俗易懂,物美价廉,欢迎选购

订版)	14.00 元	册(第二版)	11.00 元
温室种菜技术正误 100 题	13.00 元	蔬菜病虫害防治	15.00 元
高效节能日光温室蔬菜规范化栽培技术	12.00 元	蔬菜病虫害诊断与防治技术口诀	15.00 元
两膜一苫拱棚种菜新技术	9.50 元	蔬菜病虫害诊断与防治图解口诀	14.00 元
蔬菜地膜覆盖栽培技术(第二次修订版)	6.00 元	新编棚室蔬菜病虫害防治	21.00 元
塑料棚温室种菜新技术(修订版)	29.00 元	设施蔬菜病虫害防治技术问答	14.00 元
野菜栽培与利用	10.00 元	保护地蔬菜病虫害防治	11.50 元
稀特菜制种技术	5.50 元	塑料棚温室蔬菜病虫害防治(第 3 版)	13.00 元
大棚日光温室稀特菜栽培技术(第 2 版)	12.00 元	棚室蔬菜病虫害防治(第 2 版)	7.00 元
蔬菜科学施肥	9.00 元	露地蔬菜病虫害防治技术问答	14.00 元
蔬菜配方施肥 120 题	6.50 元	水生蔬菜病虫害防治	3.50 元
蔬菜施肥技术问答(修订版)	8.00 元	日常温室蔬菜生理病害防治 200 题	9.50 元
露地蔬菜施肥技术问答	15.00 元	蔬菜害虫生物防治	17.00 元
设施蔬菜施肥技术问答	13.00 元	菜田化学除草技术问答	11.00 元
现代蔬菜灌溉技术	7.00 元	绿叶菜类蔬菜制种技术	5.50 元
蔬菜植保员培训教材(北方本)	10.00 元	绿叶菜类蔬菜良种引种指导	10.00 元
蔬菜植保员培训教材(南方本)	10.00 元	提高绿叶菜商品性栽培技术问答	11.00 元
蔬菜植保员手册	76.00 元	菠菜栽培技术	4.50 元
新编蔬菜病虫害防治手			

以上图书由全国各地新华书店经销。凡向本社邮购图书或音像制品,可通过邮局汇款,在汇单"附言"栏填写所购书目,邮购图书均可享受 9 折优惠。购书 30 元(按打折后实款计算)以上的免收邮挂费,购书不足 30 元的按邮局资费标准收取 3 元挂号费,邮寄费由我社承担。邮购地址:北京市丰台区晓月中路 29 号,邮政编码:100072,联系人:金友,电话:(010)83210681、83210682、83219215、83219217(传真)。